RACHAËL DRAAISMA

CALMING — SIGNALS

Beschwichtigungssignale – Verstehen, was Pferde bewegt

KOSMOS

INHALT

ZUM GELEIT

Liebe Leserinnen und Leser,

vor 25 Jahren, nach vielen Jahren der Forschung, habe ich mein Buch über Calming Signals bei Hunden geschrieben. Ich bin davon überzeugt, dass alle Spezies gemeinsame Elemente in ihrer Sprache haben. Durch meine lange Arbeit mit Pferden wusste ich, dass auch sie diese Signale teilen – es war nur nie die Zeit oder die Gelegenheit, das intensiver zu erforschen.

Ich habe mir sehr gewünscht, dass jemand diese Idee aufgreifen und Pferde und ihre Sprache erforschen würde. Eines Tages habe ich Rachaël von diesem Traum erzählt. Sie war damals Schülerin in meinen Kursen für Hundetrainer. Ich habe das Feuer in ihren Augen gesehen und wusste: Sie wird genau dies tun. Und sie tat es! Rachaël hat Pferde beobachtet, fotografiert, gefilmt und mehr Material gesammelt, als ich es für möglich gehalten habe. Sie zeigt uns, dass Pferde Calming Signals haben und einsetzen!

Ich bin glücklich, dass dieses Buch Realität geworden ist. Mein Traum wurde wahr und Rachaëls auch. Herzlichen Glückwunsch, Rachaël, ich bin sehr stolz auf dich und deine Arbeit, die Ergebnisse deiner Studien und wie sie in diesem Buch wiedergegeben werden. Ich hoffe, dass alle Pferdefreunde und professionelle TrainerInnen und ReiterInnen dieses Buch lesen. Im Grunde sollte jeder Mensch, der irgendetwas mit Pferden zu tun hat, dieses so wichtige Buch kennen.

In Bewunderung dieser wundervollen Arbeit,

Turid Rugaas

Präsidentin Dog Trainers of Europe
Gründerin TR International Dog Trainer Education
Eigentümerin Hagan Hundeskole
Trainerin und Verhaltenstherapeutin für Hunde und Pferde
Speakerin, Autorin

ZU DIESEM BUCH

„Ich verstehe nicht, warum niemand die Calming Signals von Pferden untersucht“, sagte Turid Rugaas in einem ihrer internationalen Kurse für Hundetrainer. Ich nahm daran teil – und habe mir ihre Worte zu Herzen genommen. Damals hatte ich bereits einige Jahre als Verhaltenstherapeutin für Hunde gearbeitet und konnte Hunden und Besitzern durch das Nutzen von Calming Signals helfen. Ich hatte mich darauf spezialisiert und mir viel Wissen angeeignet. Wie wunderbar wäre es, wenn dieses Wissen auch Pferdemenschen zur Verfügung stehen würde? Seit ich 14 Jahre alt war, besaß ich ein eigenes Pferd und wusste: Ebenso wie bei Hunden werden auch die Bedürfnisse von Pferden nicht immer beachtet. Sie können sich also vorstellen, dass mich die Idee faszinierte, die Calming Signals von Pferden zu untersuchen.

Während ich ein Resozialisierungs- und Trainingsprogramm für Pferde aufbaute, konnte ich nicht damit aufhören, ihre Kommunikation zu beobachten. Und an einem Sonntagmorgen 2013 beschloss ich, gezielte Untersuchungen zu starten. Bei einem Ausritt kam mir ein Reiter entgegen. Sein Pferd war an meinem interessiert und bewegte seinen Kopf ein wenig in dessen Richtung. Es wurde sofort dafür bestraft, sein Reiter zog harsch am Zügel. Ein zweiter Versuch, den Kopf zu bewegen, um uns anzuschauen, bescherte diesem Pferd einen Schlag mit der Peitsche. Diese Ungerechtigkeit dem Pferd gegenüber hat mich sehr beschäftigt. Und auch wenn ich damit nicht alle Ungerechtigkeit gegenüber Pferden in der Zukunft verhindern kann, entschloss ich mich, meinen Beitrag für eine bessere Kommunikation zwischen Pferden und Menschen zu leisten, um möglichst vielen Pferden Wohlbefinden zu ermöglichen.

Dies hatte einen gewaltigen Einfluss auf meine Arbeit. Bisher hatte ich professionell mit Hunden und ihren Besitzern gearbeitet. Mittlerweile habe ich kaum noch etwas mit Hunden zu tun, meine Zeit ist angefüllt mit der Forschung an und der Arbeit mit Pferden.

Mein Ziel

Das Ziel meiner Forschung war von Anfang an, die Calming Signals von Pferden zu beschreiben. Dies sind Signale, die Pferde in der sozialen Interaktion, in der Kommunikation mit anderen Pferden zeigen. Sie reagieren damit auf Stimuli aus der belebten und unbelebten Umwelt, um Konflikte zu vermeiden, um zu beschwichtigen und eine soziale Beziehung aufrechtzuerhalten – also quasi, um höflich zu sein. Calming Signals werden auch gezeigt, wenn ein Pferd sich selbst beruhigen möchte. Um ein vollständiges Bild der vielfältigen Kommunikationsmöglichkeiten von und zwischen Pferden und wie sie die Welt erfahren zu erhalten, nahm ich andere Kommunikationselemente in meine Forschung auf. Neben den Calming Signals sind dies Übersprungsverhalten, Stresssignale, und Signale, mit denen Distanzen vergrößert werden sollen.

Es ist wichtig für mich, besonders die Kommunikationssignale zu beschreiben, die ein Pferd zeigt, bevor mentale Anspannung und Stress zu stark werden und es zu Flucht- oder Aggressionsverhalten kommt (Fight-Flight-Verhalten). In so einem Zustand maximaler Aufregung ist es extrem schwierig (wenn nicht sogar unmöglich), mit dem Pferd zu kommunizieren. Das Pferd zeigt Instinkthandlungen, d. h. spontane Lebensrettungsreaktionen – da ist kaum bis gar kein Raum für kognitive Prozesse und Kommunikation. Das bedeutet ein großes Gesundheitsrisiko für Pferd und Reiter. Aus diesem Grund wollte ich die Signale katalogisieren, die Pferde zeigen, bevor sie stark gestresst sind und sich für Fight oder Flight entscheiden. Erkennt man diese vorgeschalteten Signale, ist das für beide Seiten sehr hilfreich.

— Wie sieht ein Pferd aus, wenn es stärker erregt ist?
— Wie sieht ein Pferd aus, wenn es etwas in seiner Umgebung beschwichtigen oder sich selbst Entspannung verschaffen möchte?

Wenn Sie diese Signale kennen und wahrnehmen, können Sie auch die Stimuli identifizieren, auf die Ihr Pferd reagiert. Sie können die jeweilige Situation besser einschätzen und passende Entscheidungen treffen. Sie können beurteilen, ob Ihr Pferd mit der Situation klarkommt oder ob Sie an der Situation etwas verändern müssen.

Verstehen Sie die Kommunikationssignale Ihres Pferdes, sind Sie in der Lage, einen passenden Trainingsplan und einen passenden Sozialisierungsplan zu gestalten. Das verbessert die Bindung zu Ihrem Pferd gleichermaßen wie dessen physische und psychische Gesundheit.

VORGEHEN UND METHODIK

Ich glaube an faktenbasierte Wissenschaft und Forschung. Daher sollten meine Erkenntnisse auf der Dokumentation von Verhalten basieren und kein Wunschdenken abbilden. Aus diesem Grund habe ich Videomaterial als Ausgangspunkt eingesetzt. Alleine und zusammen mit Ristin Olthoff habe ich Pferde in den Niederlanden gefilmt. Verschiedene Menschen haben mir zusätzlich Videos von ihren Pferden geschickt, hauptsächlich aus den Niederlanden, aber auch aus Großbritannien und den Vereinigten Staaten. Diese Videos habe ich katalogisiert, kategorisiert und mehrmals angesehen. Ich habe dabei genau auf die Positionen von Ohren, Augen, Nase, Maul und Schweif der Pferde geachtet und notiert, wie Bewegung und Körperstellung waren und wie sich Menschen bewegt haben, wenn sie in den Videos zu sehen waren. Was ich nicht weiter betrachtet habe, war die akustische Kommunikation der Pferde.

Ich habe insgesamt 200 Videos analysiert. Jedes Kommunikationssignal bzw. Kommunikationselement, das in diesem Buch beschrieben ist, musste mindestens 35-mal gesehen werden, um eine zu schnelle Generalisierung zu vermeiden.

Wenn ein Signal nur einmal zu sehen war, war es vermutlich sehr individuell. Ich habe mir dann meine Gedanken zu diesen bestimmten Signalen gemacht, sie aber nicht in das Buch aufgenommen, weil ich sie zu selten oder in zu vielen verschiedenen Kontexten gesehen habe, um ihre Bedeutung wirklich sicher einordnen zu können. Die einzige Ausnahme hierzu findet sich in Kapitel 4 (Abschnitt 4.3), dort geht es um die erlernte Hilflosigkeit. Nur in diesem einen Fall beschreibe ich meine eigenen Beobachtungen, die etwas außerhalb des Ziels dieses Buches stehen.

Info

Die Videos wurden niemals gestellt oder manipuliert. Wenn jemand gerade sein Pferd putzen wollte, habe ich gefragt, ob ich filmen darf. Ebenso, wenn z. B. ein Pferd gesattelt oder auf die Weide gebracht wurde, massiert wurde, mit einem unbekannten Pferd oder Menschen bekannt gemacht wurde oder einfach frei über die Wiese gerannt ist. Dieses Buch basiert auf dem echten Leben.

Interaktionen sind einzigartig. Es gibt nur eine einzige erste Erfahrung und nur eine einzige erste Reaktion auf diese Erfahrung. Ein Pferd bringt das Wissen um diese ersten Erfahrungen mit in eine zweite Interaktion. Das bedeutet, dass keine zwei Interaktionen jemals identisch sein können. „Wie schade", habe ich manchmal gedacht, besonders in Momenten, wenn ich meine Kamera nicht dabei hatte und sich plötzlich eine interessante Interaktion zeigte. Ich erinnere mich an ein Pferd, das an einem anderen Pferd vorbeiging und sehr starke Kommunikationssignale aussandte. Als ich am nächsten Tag mit meiner Kamera dastand, in der Hoffnung, die gleiche Bewegung und Mimik noch einmal zu sehen, ging das Pferd an diesem anderen vorbei, ohne irgendeine Reaktion zu zeigen. Warum sollte es auch? Es kannte das andere Pferd ja jetzt!

Ich habe keine weiteren Untersuchungen vorgenommen, z. B. um Herzfrequenz, Blutdruck, Temperatur oder Stresshormone der Pferde zu messen.

DIE PFERDE

Für diese Arbeit wurden domestizierte Pferde beobachtet. Dies ist wichtig zu wissen, weil das Verhalten von domestizierten Pferden sich deutlich vom Verhalten verwilderter Pferde unterscheidet. Ursache hierfür ist ihr kleinerer Lebensraum, die kontrollierten Lebensbedingungen, die Interaktion mit der menschlichen Welt und den Menschen darin sowie den Ansprüchen, die Menschen an domestizierte Pferde stellen. Wenn ich in diesem Buch von Pferden spreche, meine ich domestizierte Pferde und Ponys, die in einer menschengemachten Welt leben. Und solange ein Pferd nicht durch seinen Namen deutlich als weiblich identifiziert wird, benutze ich die maskuline Form oder „es".

Die Pferde wurden speziell für dieses Buch gefilmt und keines hatte ernsthafte Verhaltensprobleme. Soweit ich weiß bzw. sehen konnte, waren alle Pferde gesund. Die Videos zeigten keine Verletzungen, die eine veterinärmedizinische Versorgung nötig gemacht hätten. Ich habe auch keine Videos untersucht, auf denen Pferde extreme Fluchtreaktionen oder aggressives Verhalten zeigten. Es waren Pferde zu sehen, die, nach menschlichem Standard, gut in unserer Gesellschaft zurechtkamen. Das bedeutet nicht, dass sie nicht auch gestresst waren. Für kürzere oder längere Momente waren durchaus mentale Anspannung und Stressverhalten zu erkennen. Dazu kommunizierten die Pferde sehr viel, auch wenn ihre Reiter das nicht immer bemerkten.

Nachdem ich mit meinen Forschungen begonnen hatte, betrachtete ich Pferde aus einem neuen Blickwinkel, dem kein Pferd mehr entkommen konnte. Wenn ich im Vorbeifahren Pferde sah, hielt ich manchmal an, um sie zu beobachten. Das konnten Pferde sein, die auf einer Wiese grasten, auf einen Hänger verladen oder auf Wettkämpfen oder zu Hause geritten wurden. Ich machte mir dann Notizen – auf Papier, als SMS oder als Sprachnotiz. Diese Pferde einfach nur zu beobachten, war sehr nützlich. Ich hätte nicht das offizielle Einverständnis der Besitzer gehabt, sie zu filmen. Bei einigen wusste ich noch nicht einmal, wo deren Besitzer waren.

Für alle Videos oder Fotos in diesem Buch habe ich die Einverständniserklärung der Besitzer. Alle Pferde lebten in Ställen, waren in der Nacht in einer individuellen Box und tagsüber teilweise auf der Weide. Die Zeit, die sie auf der Weide verbrachten, betrug zwischen einer und zwölf Stunden pro Tag. Jedes Pferd hatte täglichen Kontakt mit Menschen – mindestens zweimal am Tag, wenn sie zur Weide geführt und wieder geholt wurden, und maximal zehnmal am Tag. Dies beinhaltete neben dem Gang zur und von der Weide auch noch die Zeit, in der sie geritten oder geputzt wurden. Alle Pferde waren in Privathand, auf keinem Video oder Foto sind Reitschulpferde.

Info

Es wurden Pferde der verschiedensten Rassen gefilmt: holländische und belgische Warmblüter, Friesen, Lipizzaner, Haflinger, New Forest Ponys, Fjordpferde, Tinker, englische Vollblüter, Quarter Horses und Welsh Mountain Ponys; ebenso Pferde, deren Rasse unklar ist. Das Alter der Pferde lag zwischen drei und 25 Jahren.

Mir ist sehr bewusst, dass ich mich in meinen Studien auf Pferde fokussiert habe, die ein relativ gutes Leben führen, mit Besitzern, die mir gestatteten, dass ich mit meiner Kamera in ihre Welt kam. Viele Pferde leben leider unter schlechten Bedingungen, Pferde, die ich mit Absicht nicht gefilmt habe oder deren Besitzer mir nicht erlaubten, das Videomaterial zu verwenden.

KATEGORISIERUNG UND KOMMUNIKATIONSLEITERN

Meine Schlussfolgerungen und Ideen für die Kategorisierung entwickelten sich aus der Analyse der Videos. Als ich mir die Filme mehrmals angesehen hatte, entdeckte ich auf einmal Signale, die als Kommunikationssignale für mich neu und unbekannt waren und von denen ich auch noch nichts in anderen Büchern gelesen hatte. Dazu gehörten verschiedene Calming Signals, z. B. Blickabwenden, Blinzeln, das Auge halb schließen, die Hinterhand zum Kommunikationspartner drehen, die Flanke zum Kommunikationspartner drehen und fressen. Mir fiel auch auf, dass bestimmte Verhaltensweisen immer in bestimmten Kontexten gezeigt wurden.

Basierend auf diesen Gruppen von Verhaltensweisen habe ich die Kommunikationsleitern entwickelt. Jede dieser Leitern repräsentiert eine Interaktion in einem bestimmten Kontext und ein bestimmtes Kommunikationsmuster, das ich beobachtet habe. Es sind schematische Illustrationen, die es dem Betrachter ermöglichen, mit einem Blick zu erkennen, wie das Verhalten des Pferdes im Verhältnis zu bestimmten Stimuli in seiner generellen Umgebung steht, und ob mentale Anspannung und Stress zunehmen oder weniger werden.

Diese Kommunikationsleitern habe ich weiter verifiziert, indem ich mich gefragt habe: Hilft es dabei, Verhalten zu kategorisieren? Ist diese Kategorisierung mit den Erklärungen ein einfaches Hilfsmittel für jemanden, der mit Pferden zu tun hat?

Ich habe die Verhaltensweisen in folgende Gruppen kategorisiert:

— **Calming Signals** sind Verhaltensweisen, die dazu dienen, einen Konflikt zu vermeiden oder zu beschwichtigen („höflich zu sein"). Sie ermöglichen dem Pferd, eine problematische Situation zu bewältigen, ohne dass das soziale Verhältnis belastet wird. Parallel helfen sie dem Pferd, sich selbst zu entspannen.

— **Übersprungsverhalten** dient ebenfalls dazu, mentale Anspannung zu reduzieren. Indem man sich auf etwas anderes fokussiert und Stressoren ausblendet, kann man sich durch eine problematische Situation manövrieren – manchmal sogar so, wie es die gelernte soziale Norm verlangt. Aber das Übersprungsverhalten beinhaltet auch physisches Verhalten, das in eine andere Verhaltensgruppe fällt als das Verhalten, welches vorher gezeigt wurde.

— **Stresssignale** sind die Signale, die ein Pferd zeigt, wenn die mentale Anspannung und der Stress soweit angestiegen sind, dass der Organismus sich auf Flucht oder Angriff (Fight-or-Flight) vorbereitet.
— **Signale, um die Distanz zu vergrößern**, zeigt ein Pferd, wenn es versucht, einen bedrohlichen Stimulus zu stoppen oder die Distanz zu ihm zu vergrößern.

Info

Dieses Forschungsvorhaben hat als eine Untersuchung ausschließlich zu Calming Signals begonnen und sich dann in andere Dimensionen hinein verselbstständigt. Natürlich ist es für ein Pferd möglich, ausschließlich Calming Signals zu zeigen. Aber ich habe auch viele Fälle gesehen, bei denen zwischen einzelnen Calming Signals kurzzeitig Signale aus einer anderen Kategorie bzw. mit einer anderen Bedeutung auftauchten. Manchmal haben diese die Calming Signals komplett überdeckt. Calming Signals, Übersprungsverhalten, Stresssignale, abgeschwächte Angriffs- oder Fluchtsignale – all diese Signale konnten in verschiedensten Variationen und in kürzester Zeit auf den Videos gesehen werden. Sie zu benennen, Verhalten und Kommunikation zu beschreiben, dient dazu, den Pferden in unserer Obhut gerecht zu werden.

Manchmal sind meine Beschreibungen der Signale und die Analyse neu, manchmal entsprechen sie dem, was andere Forscher zuvor schon beschrieben haben, und manchmal unterscheiden sie sich von diesen. So kann z. B. die Kategorie eines Signals unterschiedlich sein. Ich liste „Kopfschütteln“ als ein Calming Signal, ein anderer Wissenschaftler definiert es als „Übersprungsverhalten“.

Ich hoffe, meine Kategorisierung trägt zum Wiedererkennen von Verhaltensmustern bei und hilft Ihnen im täglichen Umgang mit Ihrem Pferd, Probleme zu bewältigen.

DIE STRUKTUR

Dieses Buch ist folgendermaßen aufgebaut:

Kapitel 1 bis 4 beschreiben die verschiedenen Kommunikationssignale von Pferden. Ich erkläre, was passiert, wenn Stress bis zu einer Flucht- oder Angriffsreaktion ansteigt, und wie sich das Pferd davon erholt. Kapitel 1 behandelt Kommunikationssignale, Stimuli und Reaktionen. In Kapitel 2 geht es um Calming Signals und Übersprungsverhalten. Kapitel 3 beschäftigt sich mit der Entwicklung von mentaler Anspannung und Stress bis zu einer Kampf- oder Fluchtreaktion und damit, woran man erkennt, dass sich ein Pferd wieder entspannt. Kapitel 4 beschreibt Situationen, in denen Pferde gar nicht mehr kommunizieren.

In **Kapitel 5** erkläre ich Ihnen, wie Sie Calming Signals nutzen, um Ihr Pferd besser zu verstehen.

Ich habe mich entschlossen, meine Tipps in Kapitel 5 zu sammeln und sie nicht in kleinen Häppchen zu verteilen. So kann ich Schritt für Schritt die gesamte Palette der körpersprachlichen Signale und Informationen, die sie vermitteln, erklären und Ihnen so zu Beginn eine solide Wissensgrundlage vermitteln.

Info

Es ist sehr gut möglich, dass Sie mit der Zeit Ihr Pferd auf eine andere Art und Weise betrachten. Die Information in diesem Buch kann Aufregung und Freude auslösen, aber sie kann auch der Grund sein für Unsicherheit und das drängende Gefühl, dass sofort Lösungen gefunden werden müssen.

Jedes Kapitel folgt der gleichen Struktur:

— Es beginnt mit einer Einführung und einer Kommunikationsleiter, die zeigt, wie ein Pferd in der entsprechenden Umgebung auf einen Stimulus reagiert, inklusive der dabei gezeigten Signale und einzelnen Elemente.

— Dann wird die kommunikative Bedeutung von jedem einzelnen körpersprachlichen Signal bzw. Element besprochen und durch Fotos visualisiert.

— Manchmal bespreche ich noch alternative Funktionen und Kategorien für bestimmte Signale, um Ihnen zu ermöglichen, Ihr Pferd noch besser einzuschätzen.

— Jedes Kapitel endet mit einer Zusammenfassung.
— Im Anhang finden Sie zum Vergleich verschiedene Fotos, die zeigen, wie vielfältig Pferde ihre Augen und Ohren einsetzen.

WIE HILFT DIESES BUCH?

Dieses Buch soll einen Referenzrahmen bieten. Die vielen Fotos ermöglichen es, das Verhalten des eigenen Pferdes zu erkennen und einzuschätzen. Ziel ist, dass Sie Ihr Pferd besser „lesen" können, besonders im Hinblick auf Calming Signals, Übersprungsverhalten und Stresssignale. Damit können Sie auch besser erkennen, mit welchen Situationen und Stimuli Ihr Pferd klarkommt und mit welchen nicht. Sie sollen lernen, was Sie machen können, um ihm zu helfen – zu einem frühen Zeitpunkt, ehe das Pferd zu stark gestresst ist und dies negative Auswirkungen auf Leben, Bindung und Arbeit hat.

Weil das grundsätzliche Thema dieses Buches die Calming Signals sind, beziehen sich die Tipps in Kapitel 5 schwerpunktmäßig, aber nicht ausschließlich, auf diese. Meine Hinweise zum Umgang mit dem Pferd sollten am besten dann umgesetzt werden, wenn das Pferd entspannt oder nur leicht angespannt ist. Dann kann das Pferd noch auf Ihre Signale achten, darüber nachdenken und auch Gedächtnisinhalte bilden. Sollte sich doch eine Situation ergeben, in der für sie beide Angst oder Schmerz entsteht, konsultieren Sie einen Veterinärmediziner und einen erfahrenen Verhaltenstherapeuten für Pferde.

WIE GEHT ES WEITER?

Bedeutet die Publikation dieses Buches, dass ich jetzt fertig bin? Um Himmels willen, nein! Dies ist nur der Anfang. Ich möchte z. B. einen noch detaillierteren Einblick in das mimische Ausdrucksverhalten erarbeiten. Verschiedene Kommunikationssignale, die ich in den Videos beobachtet hatte, wurden nicht mindestens 35-mal gezeigt. Diese werde ich weiter untersuchen und mehr Material sammeln. Mein Archiv mit Videos und Fotos von körpersprachlichen Signalen und Ausdruckselementen wächst stetig. So kann ich dann auch diese weniger oft gezeigten Signale nach und nach besser charakterisieren.

Die Untersuchungen zu Kommunikationssignalen und Calming Signals von Pferden wird mich sicherlich für den Rest meines Lebens beschäftigen. Und ich sehe mich in der Zukunft dabei, wie ich weitere Kommunikationssignale entziffere.

Ich hoffe von Herzen, dass dieses Buch dazu beiträgt, das Leben von Pferden und die Kommunikation zwischen Menschen und Pferden zu verbessern. Diese Arbeit und das daraus gewonnene Wissen waren so wichtig für mich und meinen Umgang mit Pferden. Ich wünsche mir sehr, dass das auch bei Ihnen der Fall sein wird.

Danksagung

Die Forschung für dieses Buch wäre nicht möglich gewesen ohne Turid Rugaas, die mich inspiriert hat und Mentorin für mich ist. Ihre Philosophie und die Art und Weise der praktischen Arbeit haben mich als Trainerin und Verhaltensberaterin geformt. Verschiedene Tipps und Übungen aus Kapitel 5 wurden von Turid entwickelt. Dafür bin ich sehr dankbar.
Ristin Olthoff ist ebenfalls eine der Personen, die geholfen haben, dieses Projekt durchzuführen. Sie und ich haben viele Stunden zusammen beim Filmen und der Analyse der Videos verbracht.
Ich hätte diese Arbeit nie durchführen können ohne das Vertrauen und die Hilfe der Pferdebesitzer, die mir erlaubt haben, ihre Pferde aufzunehmen oder die mir Videos geschickt haben. Ich danke besonders Anita Siks, Gertie Weijers, Jeanette Mäki und den anderen Besitzern und Unterstellern von Kösters Stables, 't Hof Stables und B&B Angelbeeck.
Ich bedanke mich ebenfalls sehr bei den Testlesern und denjenigen, die mich motiviert haben am Ball zu bleiben: Marian Draaisma, Julia Robertson, Els Widts, Anne LIll Kwam, Simon Jansen, Bert Peters (mein Fels in der Brandung der Computerprobleme), Robert Peters und Hans Ruis.
Vielen Dank an meine Freunde und Verwandten, die mich unterstützt haben, eine gut verankerte und liebevolle Basis für mich waren; und natürlich, last but not least, meine Kinder Sybrand und Imke. Sie haben mich unterstützt und waren sehr geduldig einer Mutter gegenüber, die Stunden hinter ihrem Computer verbracht hat oder auf der Straße war, um Videos aufzunehmen. Nicht zu vergessen ihre Geduld mit einer Mutter, die permanent über Pferde geredet hat, obwohl das für sie nicht so interessant war.

KAPITEL 1

DIE ENTDECKUNG DER SPRACHE

„Die Grenzen meiner Sprache bedeuten die Grenzen meiner Welt."

LUDWIG WITTGENSTEIN

Schmetterlinge in meinem Bauch, Energie, Gedanken jagen durch meinen Kopf. Als ich dieses Forschungsprojekt startete, hatte ich mich sofort hineinverliebt. Ich konnte an nichts anderes denken als an die Arbeit und das Ausdrucksverhalten von Pferden. Ich beobachtete Pferde, wo und wann immer ich sie fand, ich filmte und analysierte die Videos. Ich machte mir Notizen zu Körperpositionen und Bewegungen und suchte nach Gemeinsamkeiten. Während der ersten paar Monate erschien das fast unmöglich, weil ich so viele verschiedene Signale sah. Es gab Momente, in denen ich dachte: „Hey, das sieht so aus, als ob Pferde Menschen begrüßen, indem sie ihren Kopf absenken" – es gab aber auch Pferde, die genau dies nicht taten. Ich sah ein Pferd, das blinzelte, wenn es begann, sich anzuspannen – und Pferde, die nicht blinzelten, dafür aber kauten.

In den ersten Monaten fühlte ich mich verwirrt und manchmal auch ein bisschen verzweifelt. Aber ich machte weiter und je gründlicher ich Videos analysierte, umso mehr begann ich, das Gesamtbild und die Variabilität der Signale zu sehen. Ich fand Muster, die ich am Anfang übersehen hatte, weil mein Blickwinkel zu eng gewesen war.

Info

Während meiner Forschung habe ich Signale und Verhaltenselemente untersucht, die Pferde in ihrer von Menschen gemachten Umwelt zeigen. Wie ein Pferd seine Lebensbedingungen erfährt, wie es auf Stimuli reagiert und wie es kommuniziert, hängt von einer Reihe von Faktoren ab:

— **Genetik:** Sie bestimmt die Prädisposition, die das Pferd von seinen Vorfahren ererbt hat; seine Physiologie, die Art und Weise, wie sein Gehirn und die Organe arbeiten; die hormonellen Regelkreise; ob es anfällig ist für bestimmte Erkrankungen oder niedrige Toleranzgrenzen für Angst und Stress hat; seine Anatomie und die biomechanischen Funktionen.

— **Gesundheit:** Das Pferd ist eventuell schon vor Beginn der Beobachtung gestresst, es ist chronisch gestresst oder depressiv. Es kann akute oder chronische Schmerzen haben; es kann aber auch besonders entspannt sein, weil alle physischen und psychischen Bedürfnisse erfüllt sind.

— **Lernerfahrungen:** Die Erfahrungen, die ein Pferd im Leben bisher gemacht hat, sowohl positiv als auch negativ, lassen es flexibel oder unflexibel auf Umweltinformationen reagieren.

— **Sozialisation und Training:** Beides kann einen positiven oder einen negativen Einfluss darauf gehabt haben, wie das Pferd sich mit bestimmten Umwelteinflüssen auseinandersetzt.

— **Mensch:** Reiter oder Trainer sind Personen, von denen das Pferd stark abhängig ist; seine Lebensqualität basiert auf den Entscheidungen, die diese Menschen treffen.

— **Umweltbedingungen:** Werden die Bedürfnisse des Pferdes gestillt? Hat es genügend Platz, sich zu bewegen? Witterungsschutz? Gibt es genug zu essen und zu trinken? Besteht die Möglichkeit zu sozialem Kontakt mit anderen Pferden? Bekommt es genug Ruhe und Schlaf? Kann es Entscheidungen treffen? Hat das Pferd die Möglichkeit, sich von Stimuli, die ihm unangenehm sind, zurückzuziehen, oder ist es gezwungen, sich den Stimuli auszusetzen; weil es keine Wahlmöglichkeit hat?

„Alle Pferde sind Individuen und keine zwei sind gleich."

Die oben genannten Faktoren können sich auf so vielfältige Art und Weise kombinieren, dass man tatsächlich sagen kann, dass keine zwei Pferde gleich sind, das gleiche Leben leben, auf die gleiche Art und Weise behandelt werden, die gleichen Erfahrungen machen. Dazu kommen immense Unterschiede in Zucht und Aufzucht, im Training, im Kontakt mit anderen Pferden, Menschen oder Tieren. Auch die Anzahl der Besitzer variiert, ebenso wie die Häufigkeit, mit der ein Pferd in einen neuen Stall umzieht. Dazu kommen Unterschiede in Bezug auf alle möglichen Umweltstimuli.

Das eigene Pferd wirklich gut kennenzulernen, ist wunderbar und eine große Chance für die Partnerschaft. Herauszufinden, wozu es in der Lage ist, was es mag, womit es nicht klarkommt, was ihm leicht oder schwer fällt, ermöglicht uns, ihm zu helfen, wo es nötig ist. Indem Sie Ihr Pferd kennenlernen, vertiefen Sie die Bindung. Sie können erkennen, wie Sie Ihrem Pferd optimale Bedingungen ermöglichen, egal ob Sie Freizeitreiter sind oder im Pferdesport unterwegs.

1.1 KOMMUNIKATIONSSIGNAL – JA ODER NEIN?

Ein Seufzer in Bewegung, ein Wiehern zur Begrüßung, scharren beim Betteln – die meisten Besitzer kennen die Gewohnheiten ihrer Pferde. Auch wenn Pferde akustisch kommunizieren, werde ich in diesem Buch nur die Körpersprache berücksichtigen, besonders die Signale und Elemente, die in Zusammenhang mit Reaktion und Kommunikation eingesetzt werden.

Natürlich besteht immer die Frage, wann ein Pferd seinen Körper einsetzt, um zu kommunizieren, und wann nicht. Pferde verhalten sich immer, z. B. zeigen sie Nahrungsaufnahmeverhalten, Ruheverhalten oder Fortpflanzungsverhalten, ohne dass das zwangsläufig Kommunikation beinhaltet. Das Pferd gähnt, wenn es müde ist, hat seine Augen halb geschlossen, wenn es einschläft, kratzt mit dem Huf über den Untergrund, um Erde aufzulockern und daran zu schnuppern, schüttelt sich nach dem Wälzen Sand vom Körper – alles, ohne dass dieses Verhalten zwingend Kommunikation bedeutet.

Diese Punkte helfen Ihnen, die körpersprachlichen Signale Ihres Pferdes einzuschätzen:

— Körpersprachliche Signale und/oder Kommunikationssignale sind immer situationsspezifisch.
— Die Gesamtsituation muss berücksichtigt werden. Was passiert? Was passiert nicht? Auf was reagiert das Pferd? Es ist, als ob man ein Theaterstück betrachtet: Wie ist die Bühne gestaltet? Wer sind die Darsteller? Und was sagt das Drehbuch?
— Es ist wichtig, den Kontext zu betrachten. Wenn sich Ihrem Pferd auf der Weide eine Hummel nähert, schüttelt es seinen Kopf in Richtung Hummel. Das Kopfschütteln dient dazu, die Hummel zu verscheuchen.
— Wenn Sie mit Ihrem Pferd auf dem Reitplatz arbeiten und es fährt ein lauter Traktor vorbei, wird Ihr Pferd auch Verhalten zeigen. Es hält vielleicht an, betrachtet das Objekt und kaut dabei oder blinzelt. Es bewegt seinen Kopf nach unten und wieder hoch und geht weiter. Der initiale Stimulus für diese körpersprachlichen Signale ist der Traktor. Das Pferd hat auf die äußere Erscheinung reagiert, auf die Geräusche, die Bewegung (Annäherung, Weiterfahren) oder eine Kombination daraus.
— Es gibt viele Stimuli in unserer Umwelt. Sie müssen herausfinden, ob Ihr Pferd auf alle reagiert, auf einige oder vielleicht nur auf einen.

Kommunikation

Menschen denken oft, dass Kommunikation nur zwischen Mensch und Tieren oder zwischen Tieren stattfinden kann. Tatsächlich habe ich aber Kommunikationsmuster gesehen, die Pferde sowohl gegenüber Menschen und anderen Tieren gezeigt haben als auch gegenüber unbelebten Objekten. Das können Steine sein oder Mülleimer, optische Stimuli wie Schatten oder flackerndes Licht, das Muhen einer Kuh in der Entfernung oder das Klingeln eines Windspiels.

Signale lassen sich in Gruppen einteilen

Manche Signale gehören zur Gruppe der Calming Signals, andere in die Gruppe Übersprungsverhalten und so weiter. Pferde scheinen persönliche Vorlieben zu haben, welches Signal aus welcher Gruppe wann eingesetzt wird. Beim Zusammentreffen mit einem Hund z. B. kann ein Pferd Calming Signals wie Kauen oder Kauen mit herausgestreckter Zunge zeigen, um höflich zu sein und Ärger zu vermeiden. Ein anderes Pferd nimmt nur seinen Kopf zur Seite und ein drittes zeigt möglicherweise eine Kombination aus beiden Elementen und blinzelt dabei auch noch. Bestimmte Gruppen von Signalen zeigen sich bei allen Pferden immer wieder zur gleichen Zeit.

Signale spiegeln den inneren Zustand

Pferde lügen nicht. Über ihre Haltung und Körpersprache zeigen sie, wie sie sich fühlen und was für Absichten sie haben. Sehen Sie gerade Stresssignale? Dann ist das Pferd gestresst. Sehen Sie Signale aus der Gruppe Distanzvergrößerung? Dann möchte das Pferd mehr Raum. Die Signale verändern sich je nach Emotionszustand des Pferdes.

Wie ein Pferd einen bestimmten Stimulus wahrnimmt und darauf reagiert, zeigt uns seine Mimik und Körpersprache. Beides ist je nach Situation unterschiedlich. Fühlt sich das Pferd ein wenig unwohl beim Geräusch des Rasenmähers, zeigt es vielleicht ein Calming Signal. Wenn sich dasselbe Pferd sehr unwohl fühlt beim Geräusch eines Traktors, zeigt es womöglich fünf Calming Signals gleichzeitig.

Durch Erfahrungen und Lernprozesse können sich Signale verändern. Nach einer Zeit der Gewöhnung (Habituation) an den Rasenmäher zeigt das Pferd vielleicht keinerlei Calming Signals mehr. Für mich ist es deshalb sehr wichtig, weiter zu beobachten und so Aussagen zu verifizieren. Einfach nur zu sagen: „… und dann wurde das Pferd ärgerlich“, ohne dass man das über konkrete körpersprachliche Signale belegen kann, ist wenig hilfreich. Es handelt sich nur um eine Annahme. Sie denken, dass das Pferd wütend ist – aber wenn Sie es wirklich betrachten, sehen Sie nur Stresssignale und den Versuch, die Situation zu verlassen. Dann müssen Sie Ihre Beurteilung ändern.

Info

Wenn Ihr Pferd Signale aussendet und Sie oder andere in seiner Umgebung darauf reagieren, ist eine neue Situation entstanden. Es gibt Aktion und Reaktion, Kommunikation und Interaktion – auf beiden Seiten werden Signale an die jeweils neue Situation angepasst.

1.2 REIZ UND REAKTION

Ein Pferd, das erschrickt und zur Seite springt, zeigt Verhalten, das wir immer erkennen und auf das wir reagieren. Aber Pferde zeigen auch mimische und körpersprachliche Signale, die nicht so offensichtlich bzw. deutlich kleiner und leiser sind. Viele Reiter und Trainer sehen sie nicht oder messen ihnen keine Bedeutung bei. Einige Menschen erkennen sie, wissen aber nicht, wie sie am besten darauf reagieren sollen. Das ist eine verpasste Gelegenheit. Schließlich wollen Sie Ihr Pferd so leiten, dass Stress und Fight-or-Flight-Reaktionen vermieden werden. In Bezug auf die Kommunikation erfordert dies zwei Dinge:

1. Sie müssen die körpersprachlichen Signale Ihres Pferdes erkennen.
2. Sie müssen den auslösenden Stress erkennen (den Stress also, der ein kommunikatives Verhalten oder ein Verhaltensmuster auslöst).

Es kann eine Herausforderung sein, diesen initialen Reiz, diesen Stimulus, zu identifizieren. Vielleicht waren Sie in Gedanken gerade ganz woanders und haben nicht auf die Umgebung geachtet oder die Umgebung Ihres Pferdes ist so vertraut, dass Sie sich gar nicht vorstellen können, dass das Pferd auf irgendetwas hier reagieren könnte. Es ist sogar möglich, dass das Pferd auf einen optischen, akustischen oder sensomotorischen Stimulus reagiert, den Menschen nicht wahrnehmen können (weil unsere Sinne anders entwickelt sind).

Menschen tendieren dazu, eine Art Hubschrauberperspektive einzunehmen. Sie versuchen, eine Situation als ein großes Ganzes zu analysieren. Wenn das Pferd z. B. eine Schreckreaktion zeigt, sagen sie: „Mein Pferd ist nicht gut sozialisiert worden“, oder: „Es ist jung“, oder: „Er ist immer leicht zu irritieren, wenn der Wind weht.“ Und natürlich – die Tatsache, dass Ihr Pferd jung oder nicht gut sozialisiert ist, trägt zu dieser Schreckreaktion bei. Es kann sogar der Grund dafür sein. Aber Sie müssen lernen, zwischen einem Grund und einem Auslöser zu unterscheiden. Der Auslöser, der Trigger, ist der initiale Stimulus, der akut ein bestimmtes Verhalten beim Pferd auslöst. Sie identifizieren den Trigger, wenn Sie darüber nachdenken, was genau in dem Moment passierte, bevor das Pferd reagierte. Flog ein Vogel aus dem Busch? Gab es ein Geräusch, einen Schatten? War es nur ein Stimulus oder waren es mehrere? Beobachten Sie Ihr Pferd. Wo blickt es gerade hin?

Zu wissen, welche Reize für Ihr Pferd Auslöser darstellen, ist notwendig, um einen Plan zu entwickeln, der ihm hilft, besser in seiner Umwelt klarzukommen.

KAPITEL 2

CALMING SIGNALS ZUR BESCHWICHTIGUNG UND BERUHIGUNG

2.1 WAS SIND CALMING SIGNALS?

Es ist ein warmer, sonniger Tag. Sie sitzen mit einem Freund in einem Straßencafé, unterhalten sich und beobachten die Passanten. Eine Frau mit roten Locken geht vorbei. Da ist eine alte Dame mit einem kleinen Hund und ein älterer Herr, der ein wenig humpelt. Ihr Blick bleibt an dem Mann hängen. Sie beobachten, wie er sich dem Café nähert, davor stehenbleibt und seinen Blick über die Tische schweifen lässt. An Ihrem Tisch hält er inne, er blickt Ihnen geradewegs ins Gesicht. Für eine Sekunde wissen Sie nicht, was Sie machen sollen. Hallo sagen? Nicken? Zurückstarren? Sie beantworten sein Starren mit einem freundlichen Lächeln und einem Nicken. Der Mann blickt zur Seite und geht langsam weiter die Straße hinunter. Sie nehmen noch einen Schluck Tee und wundern sich, warum der Mann Sie angestarrt hat.

Dieses Szenario beschreibt, wie eine Situation, in der zunächst keine Kommunikation stattfindet, zu einer Situation mit Kommunikation zwischen Ihnen und dem humpelnden Mann wechselt. Eine solche Kommunikation kann sich sehr natürlich anfühlen, und unter Umständen wird das Nicken und Lächeln fast unbewusst gezeigt. Kommunikation mit Unbekannten kann aber auch eine absichtsvolle Aktion sein, z. B. wenn Sie „Hallo" sagen, während Sie einen Aufzug mit schweigend vor sich hinstarrenden Menschen betreten.

Diese Art von Reaktionen soll das Gegenüber beruhigen und beschwichtigen. Ziel ist es, eine positive Umgebung zu schaffen oder zu erhalten, soziale Verbindungen zu schützen und negative Eskalation zu verhindern. Genau wie Menschen haben Hunde, Pferde und zahlreiche andere Tierarten solche Calming Signals. Es ist nicht überraschend, dass besonders Pferde derartige Kommunikationsfähigkeiten entwickelt haben. Pferde sind hochsozial und leben natürlicherweise in Gruppen. Stabile Freundschaften und familiäre Bindungen gewährleisten ein gutes Leben, Sicherheit und das Überleben. Deshalb ist es für Pferde sehr wichtig, Konflikte und unter Umständen dadurch verursachte Verletzungen oder eine aufgezwungene Isolation zu vermeiden. Ebenso wie Hunde und Menschen können Pferde außerhalb ihrer eigenen Art soziale Bindungen eingehen. Hier zeigen sie die gleichen Kommunikationssignale, die sie auch untereinander verwenden.

Info

Außer dem Beschwichtigen von Menschen, Tieren und anderen Umweltreizen haben Calming Signals eine weitere wichtige Funktion: Sie reduzieren die eigene Anspannung des Pferdes. Es kann schwierig sein, zu differenzieren, wann ein Pferd die Signale einsetzt, um sich selbst zu beruhigen, und wann es andere beruhigen möchte. Ich gehe davon aus, dass ein Pferd mit einem Individuum kommunizieren wird, wenn es dieses beschwichtigen und ein soziales Verhältnis beeinflussen möchte. Auf den Videos sah ich z. B. Pferde, die ein oder zwei Calming Signals zeigen, dabei den Menschen oder Umweltstimulus ansehen, auf eine Reaktion warten und vielleicht ein weiteres Calming Signal zeigen. Es gibt also Pausen zwischen Calming Signals. Wenn das Pferd sich selbst beruhigt, sehen Sie Calming Signals, ohne dass es Kontakt zu seiner Umgebung herstellt. Für mich erfüllen Calming Signals beide Funktionen zur selben Zeit: Das Pferd beruhigt sich und andere.

In diesem Kapitel beschreibe ich die zwanzig häufigsten Calming Signals. Das bedeutet nicht, dass Ihr Pferd all diese Signale hintereinander zeigt oder überhaupt einsetzt. Pferde variieren bei den Calming Signals und sie entwickeln persönliche Vorlieben beim Gebrauch. Während ein Pferd z. B. viel blinzelt, um sich selbst zu beruhigen, wird ein anderes häufiger kauen. Das eine Pferd zeigt eine Sequenz von Blinzeln, Blick abwenden und kauen, ein weiteres schüttelt seinen Hals und wendet sich ab. Jedes Pferd hat seinen eigenen Zeitrahmen, innerhalb dessen es auf Situationen reagiert.

Grundsätzlich können wir festhalten:

1. Wenn ein Pferd Calming Signals einsetzt, kann es eines oder mehrere zeigen.
2. Wenn ein Pferd mehrere Signale einsetzt, können sie hintereinander gezeigt werden.
3. Es ist möglich, dass ein Pferd zwei oder drei Signale gleichzeitig zeigt.

Zeichen für Anspannung und Stress?

In meinen Untersuchungen habe ich keine Hilfsmittel eingesetzt, um z. B. Temperatur, Herzfrequenz, Blutdruck oder die Stresshormone aus Speichel oder Blut zu messen. Meine Antwort auf die Frage, ob Calming Signals mentale Anspannung oder Stress zeigen, basiert auf der Analyse der Videos.

Ich sehe, dass Pferde Calming Signals zeigen, wenn sie …

1. … eine entspannte Haltung und eine Gesichtsmimik haben. Calming Signals, die dazu dienen, Menschen, andere Tiere oder Umweltstimuli zu beschwichtigen, sind normale Kommunikationselemente von Pferden. Sie werden im täglichen sozialen Umgang miteinander gezeigt. Außerhalb des kurzen Moments, bevor das Pferd Calming Signals zeigt, gibt es keine Hinweise auf Stress. Es läuft so ab: Das Pferd ist entspannt, es gibt einen Trigger, das Pferd nimmt diesen in einem Moment der leichten Anspannung wahr, zeigt ein Calming Signal und entspannt sich wieder. Dies beinhaltet auch Situationen, in denen ein oder zwei Calming Signals gezeigt werden, vielleicht mit einer Pause dazwischen, in der das Pferd auf eine Reaktion wartet.
2. … angespannt sind und die Anspannung entweder gleichbleibt oder ansteigt. Hier zeigt das Pferd Calming Signals während oder kurz nach dem Stimulus oder der Situation, die Stress ausgelöst hat. Die mentale Anspannung

wird nicht weniger. Das Pferd entspannt sich nicht, nachdem es das Calming Signal gezeigt hat, sondern bleibt für eine bestimmte Zeit gestresst oder der Stress nimmt sogar zu.

3. … gestresst sind und der Stress gleichbleibt oder abnimmt. Das Pferd war sehr gestresst, aber die Situation bzw. der Auslösestimulus hat aufgehört. Das Pferd erholt sich von dem starken Stress. In dem Moment, wenn der Stress abnimmt, zeigt das Pferd Calming Signals.

Mehr Stress, mehr Calming Signals

Je mehr Calming Signals innerhalb einer kurzen Zeit gezeigt werden und je schneller sie aufeinander folgen, desto schneller wird das Pferd auch Übersprungsverhalten (Kapitel 2.22), Stresssignale (Kapitel 3.2) oder beides zeigen. Wenn ein Pferd gleichzeitig oder sehr kurz hintereinander verschiedene Calming Signals zeigt, dann ist es meiner Auffassung nach in einem Zustand von mentaler Anspannung oder steigender Anspannung und damit von Stress.

Wenn das Pferd zunächst steigenden Stress erfahren hat und dieser dann nachlässt, zeigt es (soweit es sich genügend entspannt hat, dass es Calming Signals überhaupt nutzen kann) oft eine wippende Bewegung mit dem Kopf (Kapitel 2.15), während es sich fortbewegt. Dann hält es an (egal, ob aus Schritt, Trab oder Galopp) und schüttelt kurz den Hals (Kapitel 2.13) oder den ganzen Körper (Kapitel 2.14). Es wird die dezenteren Signale wie Blinzeln oder Kauen nicht zeigen, ehe es stärker entspannt ist und weniger physische Aktivität hat.

Ein Pferd zeigt ambivalentes Verhalten, wenn verschiedene Verhaltenssysteme oder Verhaltensgruppen gleichzeitig oder kurz hintereinander aktiv sind. Das bedeutet, dass wechselnde, konkurrierende und widersprüchliche Motivationszustände vorhanden sind (Kapitel fünf).

Es ist sehr wichtig, zu erkennen, ob der Stress Ihres Pferdes zu- oder abnimmt. Zeigt es Calming Signals, während es entspannt oder nur leicht angespannt ist, müssen Sie nicht zwingend aktiv werden, um ihm zu helfen. Wenn ein Pferd aber erkennbare Stresssignale zeigt, bereitet es sich darauf vor, entweder zu flüchten oder aggressives Verhalten zu zeigen (Fight-or-Flight). Ob es dies tut, hängt von den Hilfen ab, die das Pferd erhält, und davon, ob der Reiter oder Trainer in der Lage ist, die Situation so zu verändern, dass das Pferd sie bewältigen kann.

Um Ihr Pferd gut zu beurteilen, ist es hilfreich, wenn ...

1. ... Sie körpersprachliche Signale wie z. B. Calming Signals, Übersprungsverhalten, Stresssignale und Signale zur Vergrößerung der Distanz lesen können;
2. ... Sie die Mimik und Körperstellung Ihres Pferdes analysieren können.

Es ist Sonntagmorgen. Ich stehe auf einem Weg neben dem Paddock und betrachte Prince beim Grasen. Der Paddock ist in der Nähe einer öffentlichen Straße. Ein Auto fährt vorbei. Prince blickt auf. Er hält seinen Kopf auf mittlerer Höhe und seine Ohren zeigen nach vorne in Richtung Auto. Seine Augen sind mandelförmig und seine Nüstern lang. Sein Maul ist entspannt. Seine Unterlippe steht leicht vor der Oberlippe. Sein Schweif hängt in einer entspannten Position. Nach ein paar Sekunden wendet Prince sich wieder dem Gras zu, die Flanken zeigen Richtung Straße. Ein paar Minuten später fährt ein Fahrradfahrer vorbei. Das linke Ohr von Prince bewegt sich. Es folgt dem Radfahrer, aber Prince schaut nicht hoch und grast weiter. Einige Minuten vergehen, dann hebt Prince seinen Kopf sehr hoch. Seine Augen sind rund und sein Maul ist geschlossen, aber nicht zusammengekniffen. Seine Nüstern bewegen sich von lang zu rund und wieder zu lang. Ein Mann in einem elektrischen Rollstuhl fährt vorbei. Prince bewegt sich nicht und steht bewegungslos für acht Sekunden. Dann blinzelt er und kaut. Der Mann im Rollstuhl ist nicht mehr zu sehen, aber man kann ihn noch hören. Nach ein paar Sekunden grast Prince weiter.

In diesem Szenario hatte Prince keine Probleme mit dem Auto oder dem Radfahrer oder er war nicht an ihnen interessiert und startete deshalb keine Kommunikation. Der elektrische Rollstuhl aber hat eine Reaktion ausgelöst. Prince zeigt drei Calming Signals und sein Gesicht spiegelt leichte Anspannung wieder.

Mein Pferd zeigt beim Hufschmied keine Calming Signals, während drei seiner Hufe bearbeitet werden. Ist aber der linke Hinterhuf an der Reihe, kommt es in dem Moment, in dem das Bein angehoben wird, zu einem Calming Signal. Das Pferd kaut mit herausgestreckter Zunge. Ist der Schmied fertig, beendet das Pferd die Signale. Für mich ist das ein Hinweis, dass mein Pferd Probleme hat, dieses Hinterbein anzuheben. Es kann sein, dass es ihm Schmerzen bereitet oder es negative Erfahrungen in der Vergangenheit gemacht hat, vielleicht weil ein Hufgeschwür geöffnet wurde und ihm das weh getan hat.

Beobachten Sie die Gesamtsituation genau, den jeweiligen Kontext. Beginnt das Pferd zu kauen, wenn der Hufschmied das linke Hinterbein anhebt und gleichzeitig jemand den Stall betritt? Dann könnte das Calming Signal auch an diese Person adressiert sein. Sie müssen berücksichtigen, welche Stimuli Ihr Pferd wahrgenommen hat kurz vor oder während es Calming Signals gezeigt hat.

Wie in Kapitel 1 besprochen, können Verhaltensweisen verschiedene Funktionen haben. Indem man den Kontext analysiert, in dem sie gezeigt werden, bekommt man Klarheit.

Die Kommunikationsleiter zeigt den Ablauf der Kommunikation und die entsprechenden Calming Signals, wenn ein Pferd auf einen neuen Stimulus reagiert.

2.2 KOMMUNIKATIONSLEITER: CALMING SIGNALS

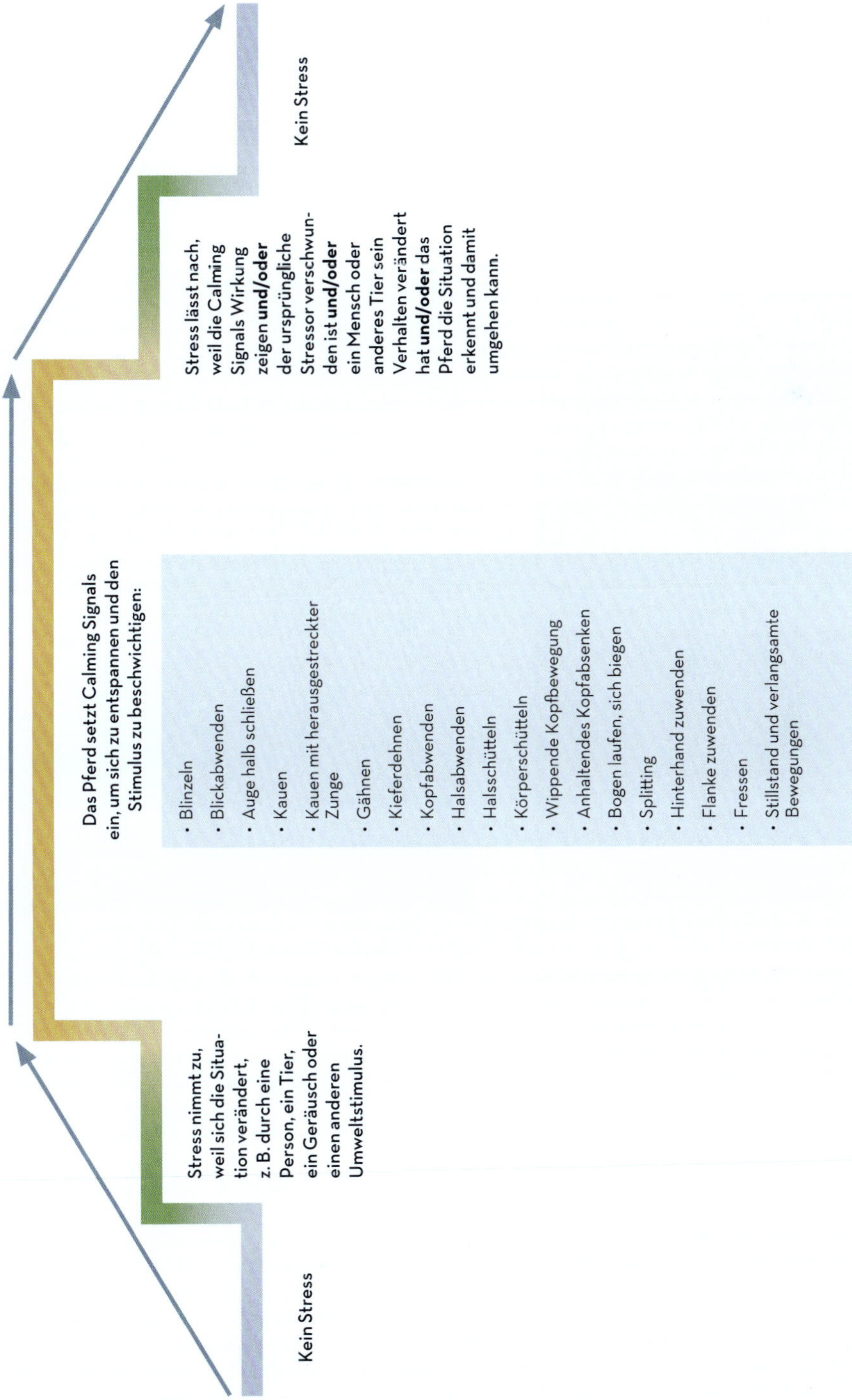

Kommunikationsleiter 2.1

2.3 KÖRPERHALTUNG

Calming Signals können alle möglichen Positionen von Kopf und Hals umfassen: sehr niedrig, mittelgradig niedrig, mittelgradig hoch und hoch (Bilder 2.1 – 2.6). Die meisten Calming Signals beinhalten mittelgradig hohe und horizontale Positionen. Dabei können die Ohren die verschiedensten Stellungen haben: beide nach vorne, zur Seite gerichtet, nach hinten gerichtet oder eines nach vorne und das andere zur Seite gerichtet. Wenn bestimmte Signale ganz bestimmte mimische Elemente beinhalten, gehe ich darauf beim entsprechenden Signal noch einmal gesondert ein.

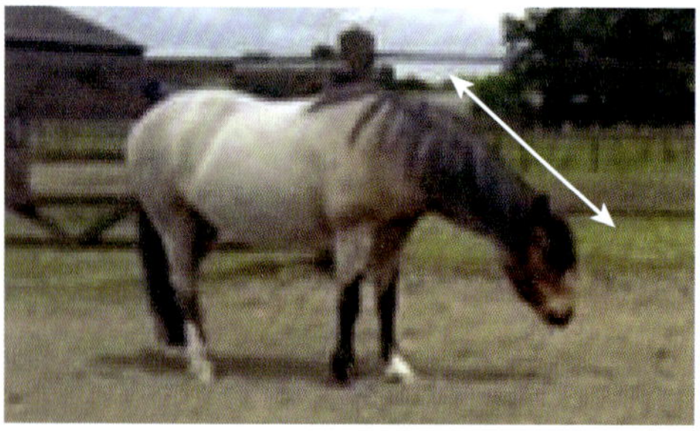

2.1 Sehr niedrige Kopf-Hals-Position

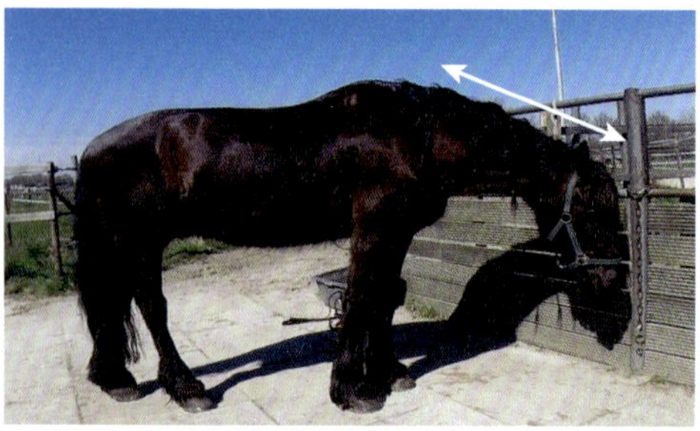

2.2 Mittelgradig niedrige Kopf-Hals-Position

2.3 Horizontale Kopf-Hals-Position

2.4 Mittelgradig hohe Kopf-Hals-Position

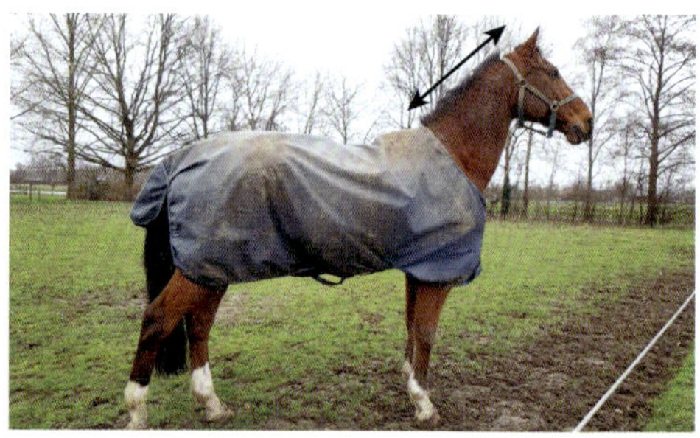

2.5 Sehr hohe Kopf-Hals-Position

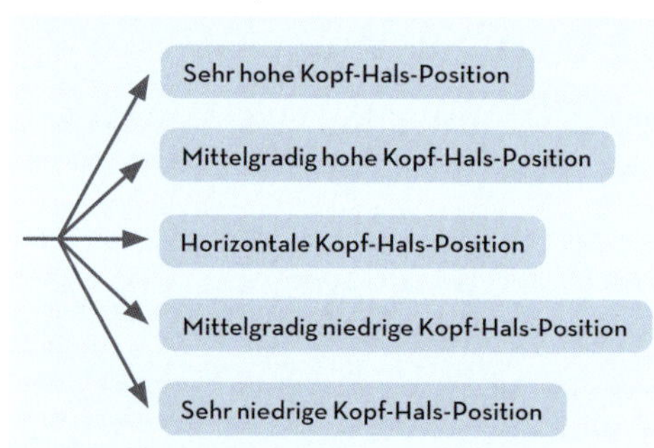

2.6 Diagramm der Kopf-Hals-Positionen

2.7

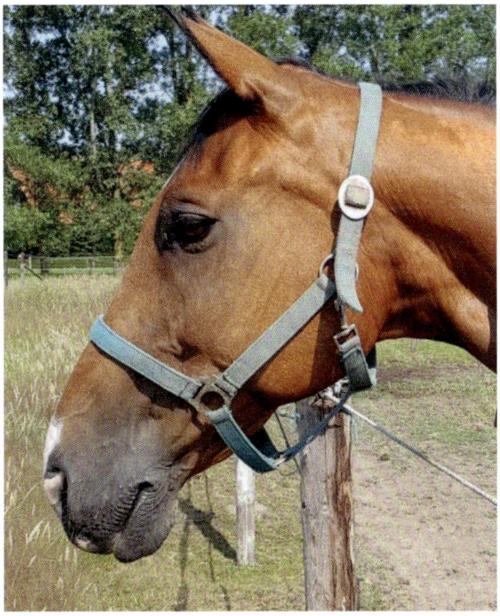

2.8

2.7 Ein entspanntes Gesicht ist weich.
2.8 Um das Maul sind keine harten Linien.
2.9 Entspannte Augen sind mandelförmig.
2.10 Entspannte Nüstern sind länglich.

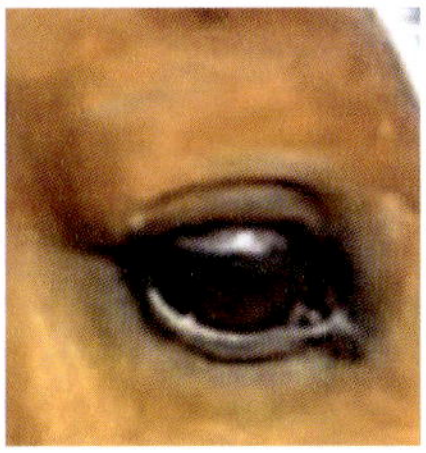

2.9

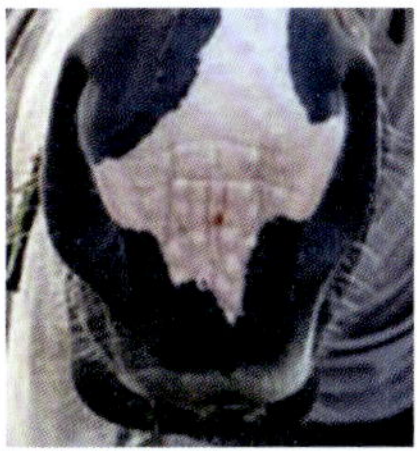

2.10

2.4 MIMIK UND SCHWEIFSTELLUNG

Calming Signals werden sowohl gezeigt, wenn das Pferd entspannt ist, als auch, wenn es angespannt und gestresst ist. Um das zu unterscheiden, achten Sie auf das Gesicht Ihres Pferdes und die Art und Weise, wie es seinen Schweif trägt.

Das Pferd ist entspannt

Ein entspanntes Gesicht sieht weich aus. Es zeigt keine Falten zwischen den Nüstern und dem Maul. Die Kiefer sind nicht aufeinandergepresst, es gibt keine harte Linie oder Verdickungen um den Rand des Mauls herum. Das Kinn ist nicht betont und geht in einer relativ geraden Linie in die Wangen über.

2.11 Ein entspanntes Maul

2.12 Die Lippen sind weich und geschlossen.

Ein entspanntes Maul hat weiche, geschlossene Lippen (Bilder 2.11, 2.12). Es ist auch möglich, dass der Rand der Unterlippe oder der Winkel der Oberlippe sichtbar ist, oder dass die Unterlippe gegenüber der Oberlippe leicht hervorsteht (dezent herunterhängt).

Hinweis: Eine leicht hängende Unterlippe ist auch ein Merkmal alter Pferde. Selbst wenn diese Pferde angespannt sind, kann die Unterlippe immer etwas länger als die Oberlippe sein.

Ein entspanntes Kinn hat keine Spannung, fühlt sich weich an und steht in einer geraden Linie zum Unterkiefer.

Ein entspannter Schweif hängt ruhig und locker herab. Das liegt daran, dass auch die Schweifbasis entspannt ist.

2.13 Entspanntes Kinn (Pfeil)

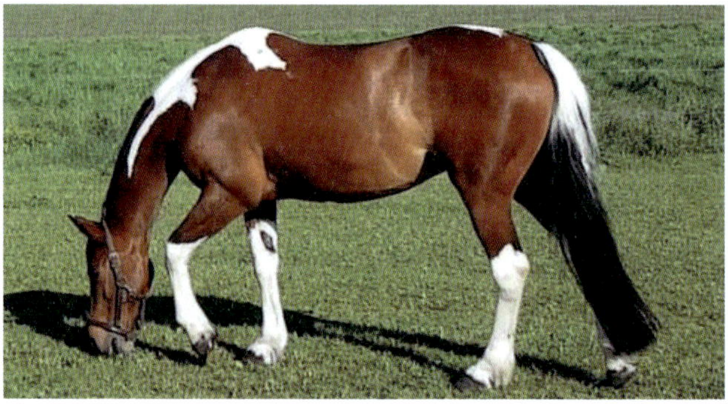

2.14 Der Schweif hängt locker.

2.15 Nüstern: angespannt und runder aufgrund intensiven Schnupperns. Augen: entspannt und mandelförmig. Maul: entspannt

2.16 Augen: angespannt und rund, weil das Pferd intensiv beobachtet. Nüstern: entspannt und lang. Maul: entspannt.

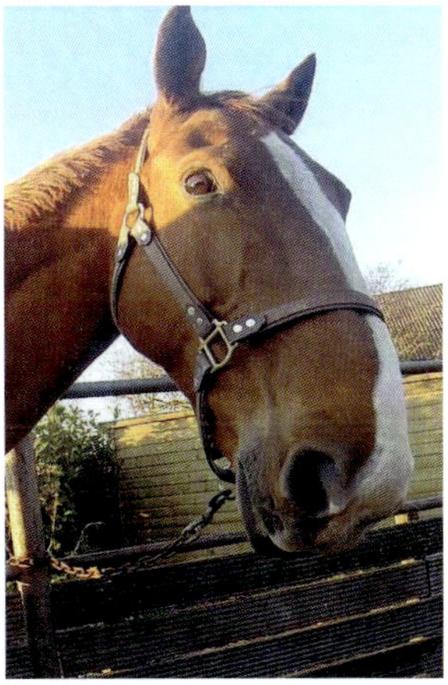

2.17 Augen: angespannt und rund. Nüstern: angespannt und rund. Maul: entspannt

Leichte mentale Anspannung

Wenn Sie sich das Pferd anschauen, sehen Sie, dass auch bei leichtem Stress das Maul noch entspannt ist. Aber die Augen oder die Nüstern, einzeln oder zusammen, sind rund und angespannt. Die Nüstern können zwischen lang und rund wechseln, weil das Pferd heftiger atmet und schnuppert. Sie sehen leichte mimische Anspannung, wenn das Pferd etwas olfaktorisch und/oder optisch inspiziert, oder weil es generell leicht gestresst ist. Die Fotos zeigen einige der Varianten, die dann beobachtet werden können (Bilder 2.15 – 2.17).

Der Schweif eines Pferdes, das einen Stimulus wahrnimmt oder eine leicht unangenehme Situation durchlebt, hängt entspannt oder ist leicht angehoben.

2.18, 219 Der Schweif ist leicht angehoben.

2.5 BLINZELN

Blinzeln gehört zu den kleinsten Calming Signals. Wenn Sie nicht darauf achten, übersehen Sie es leicht. Sie bekommen aber eine zweite Chance: Nach einer Pause von wenigen Sekunden blinzelt ein Pferd oft erneut. Es kann sich sogar um ein Muster handeln: blinzeln – blinzeln – blinzeln – Pause für ein paar Sekunden – blinzeln – blinzeln – blinzeln. Pferde können beim Blinzeln stillstehen oder sich im Schritt bewegen. Blinzeln ist häufig das erste Calming Signal, das überhaupt gezeigt wird.

Lectron ist auf der Weide. Ich gehe auf ihn zu und filme. Er beobachtet mich (Bild 2.20) und blinzelt als Calming Signal (Bild 2.21). Dann wartet er auf eine Antwort (Bild 2.22). Das Blinzeln ist ein Beschwichtigungssignal für mich und funktioniert parallel als beruhigendes Verhalten für ihn. Lectron ist leicht angespannt. Seine Augen sind rund, seine Nüstern lang, sein Schweif (nicht zu sehen) ist entspannt.

Das Blinzeln kann gleichzeitig mit anderen Calming Signals gezeigt werden, z. B. mit dem Halsabwenden (Bilder 2.23 – 2.28). Es kann auch eine Schutzmaßnahme sein, z. B. gegen Fliegen (Bild 2.29).

2.20 Beobachten

2.21 Blinzeln

2.22 Warten

2.23

2.24

2.25

2.26

2.27

2.28

2.23 Vosje schaut mich mit beiden Augen an, während ich ihn filme (binokulares Sehen). Ich reagiere nicht und filme weiter.
2.24 Vosje betrachtet mich mit einem Auge (monokulares Sehen).
2.25 Vosje wendet den Blick ab und auch den Hals (Calming Signal).
2.26 Vosje blinzelt (Calming Signal), während er den Hals abwendet (Calming Signal).
2.27 Vosje wendet sich mir wieder zu. Seine Oberlippe bewegt sich leicht nach vorne zu mir, um ...
2.28 ... mir über den Arm zu streichen.
2.29 Blinzeln als Reaktion auf eine Fliege, die sich neben das Auge setzen will. Das Blinzeln stellt eine Schutzreaktion dar und hat keine kommunikative Bedeutung.

2.29

2.30 Haflinger fressen aus demselben Trog. Zu Beginn der Mahlzeit gibt es ein wenig Unruhe, wer wo stehen kann. Jetzt sind alle gut positioniert. Das Pferd in der Mitte frisst mit halb geschlossenen Augen, um das Konfliktpotenzial zu reduzieren.

2.6 DAS AUGE HALB SCHLIESSEN

Das Auge halb zu schließen, ist ein Calming Signal, bei dem die entscheidende Variable die Zeit darstellt, über die das Auge halb geschlossen bleibt. Das Augenlid halb zu schließen, kann ein kurzes Ereignis innerhalb einer Abfolge von Calming Signals sein. Vielleicht sehen Sie ein Pferd, das blinzelt, dann das Augenlid für eine halbe Sekunde halb schließt und daraufhin zur Seite blickt. Oder das Pferd schließt seine Augen halb für eine längere Zeit. Es wirkt, als ob es eine Pause in der Kommunikation macht, ohne das andere Pferd oder den Menschen damit provozieren zu wollen. Das halbe Schließen des Augenlids kann zwischen zwei und zehn Sekunden dauern, ehe ein anderes Kommunikationssignal oder eine andere Aktion stattfinden.

Einige Mädchen warten auf einem Radweg und stehen am Rand eines Paddocks gebeugt über ihre Fahrräder. Ein Mädchen wendet sich einem Pferd zu. Sie beobachtet es mit frontal ausgerichtetem Körper. Das Pferd hält seinen Kopf mittelgradig hoch. Es blinzelt, blickt zur Seite und schließt dann halb die Lider. Das Mädchen beobachtet weiter. Nach vier Sekunden dreht sich das Pferd um und geht weg.

Augen halb zu schließen, um Konfliktpotential zu reduzieren, zeigen Pferde auch da, wo sie sehr nahe nebeneinander oder neben Menschen stehen und es wenig Möglichkeiten zum Zeigen anderer Signale gibt (Bild 2.30).

Das Auge halb zu schließen, hat eine noch andere Funktion, eine Schutzfunktion – z. B., wenn Halfter oder Zaumzeug über den Kopf gezogen werden oder gegen Insekten, Hagel oder Schnee. Man sieht auch halb geschlossene Augen bei Pferden, die am Einschlafen sind (Bilder 2.31, 2.32). Auffällig bei dem Pferd auf diesen Fotos sind die leicht seitwärts gestellten Ohren und die Kopf-Hals-Position zwischen mittelgradig hoch und mittelgradig niedrig. Der Schweif hängt entspannt.

Halb geschlossene Augen bei einer gleichzeitig horizontalen oder mittelgradig niedrigen Hals-Kopf-Position sieht man auch bei Pferden, die Schmerzen haben, depressiv sind oder in eine erlernte Hilflosigkeit geraten sind. Sie schirmen sich mental gegen Stimuli in ihrer Umgebung ab. Das erkläre ich in Kapitel 4 ausführlicher.

2.31 Ein dösendes Pferd

2.32 Die Augen sind halb geschlossen.

2.33 Das Pferd betrachtet die filmende Person.

2.34 Das Pferd wendet den Blick ab als Calming Signal.

2.35 Das Pferd wendet den Blick ab, indem es seinen Fokus nach innen richtet; der Kopf ist dabei minimal abgewandt, die Augen sind halb geschlossen.

2.36 Das Pferd behält seinen Blick nach innen bei und hat die Lider halb geschlossen als Calming Signal. Diese Signale sind an die Person adressiert, die es in diesem Moment filmt.

2.7 BLICKABWENDEN

Als ich 24 Jahre alt war, beherbergte ich drei ältere australische Frauen als Hausgäste. Sie waren Aborigines. Die älteste hat die ersten Jahre ihres Lebens in einer kleinen Gemeinschaft der Aborigines verbracht und wuchs mit den Werten und Grundsätzen ihrer Kultur auf. Als sie in die Grundschule kam, reagierten ihre australischen Lehrer ärgerlich auf sie, weil sie ihnen nicht in die Augen blicken wollte, wenn sie miteinander sprachen. In den Augen der australischen Lehrer war dies ein Zeichen von Respektlosigkeit. Mein Gast hatte es aber anders gelernt: In ihrer Kultur bedeutete es Respekt, einem älteren Menschen nicht in die Augen zu schauen. Immerhin sind die Augen der Spiegel zur Seele. Nicht jedem ist es erlaubt, hineinzuschauen.

2.37 Koda blickt den Fotografen an.

Den Blick abzuwenden als Calming Signal ist etwas, was Pferde meistens im Stand zeigen. Indem das Pferd zur Seite schaut, unterbricht es die Interaktion mit einem Stimulus. Es verändert währenddessen kaum seine Position. Aber eine kleine Bewegung im Kopf, ein paar Zentimeter nach links oder rechts weg vom Stimulus, ist möglich.

Es gibt zwei Möglichkeiten, wie ein Pferd den Blick abwenden kann:

1. Es richtet seinen Blick nicht länger nach außen „auf etwas", sondern fokussiert sich nach innen. Das Auge scheint dabei trüber zu werden.
2. Es ändert seine Blickrichtung.

2.38 Eine Sekunde später wendet er den Blick ab als Calming Signal.

Die Fotos 2.33 bis 2.36 zeigen Beispiele, wie es aussieht, wenn ein Pferd seinen Blick nach innen richtet.

Die Fotos 2.37 und 2.38 sind Beispiele für Blickabwenden, indem die Richtung des Blicks geändert wird.

2.8 KAUEN

Die biologische Funktion von Kauen ist gut dokumentiert. Indem man den Unterkiefer rotiert und Speichel beimischt, wird das Futter in kleinere Teile zermahlen, sodass es abgeschluckt werden kann. Das passiert, wenn ein Pferd Futter im Maul hat.

Kauen als Calming Signal ist durch die gleiche rotierende Bewegung des Unterkiefers charakterisiert, oft wird dabei auch ein Geräusch produziert. Aber das Pferd hat kein Futter im Maul. Bei dieser Art von Kauen ist die Zunge nicht sichtbar.

Kauen kann als einzelnes Calming Signal gezeigt werden, aber auch in Kombination mit so ziemlich jedem anderen Calming Signal, z. B. Blinzeln, Kopfabwenden oder Halsabwenden (Bilder 2.30 – 2.41). Wenn ein Pferd als Calming Signal kaut und gleichzeitig seine Stressbelastung steigt, kann man dies an seiner angespannten Gesichtsmimik erkennen, z. B. werden Augen und Nüstern runder (Bild 2.42). Mit steigender Stressbelastung kann es zu Kauen mit herausgestreckter Zunge kommen, zu Gähnen oder Kieferdehnen. Auf diese Calming Signals gehe ich in späteren Kapiteln ein.

2.39 Merlin wird von vorne fotografiert. Er schaut mich an und beginnt zu kauen – als ein Calming Signal gegen mich oder um sich selbst zu entspannen. Ich filme weiter und schaue ihn frontal an.

2.40 Merlin kaut weiter, jetzt blinzelt er aber auch. Ich verändere nichts an meiner Position.

2.41 Merlin wendet seinen Kopf leicht ab. Dieses Kopfabwenden ist ein stärkeres Calming Signal, da ist kein anderer Stimulus, den er beobachten oder hören könnte. Er kaut weiter. Erst als ich mich abwende und die Distanz vergrößere, hört er damit auf.

2.42 Vosje bekommt Aufmerksamkeit von Anne, die mit ihm redet. Ein Fotograf steht zwei Meter daneben und macht ein Foto. In diesem Moment kaut Vosje als Calming Signal. Es ist unklar, ob er dies tut, weil Anne sehr eng vor ihm steht oder weil der Fotograf leichten Stress verursacht. Er sieht den Fotografen direkt an, als er das Calming Signal zeigt, insofern kann es eine Kombination aus beiden Stimuli sein. Andere Zeichen von mentaler Anspannung sind die runden Nüstern und Augen. Die Augen sind unter Umständen aber auch so weit geöffnet, um einen guten Blick auf den Fotografen zu haben.

Bevor ein Pferd kaut, sieht man häufig für ein paar Sekunden einen angespannten Kiefer. Vielleicht hat das Pferd einen unbekannten akustischen oder optischen Reiz wahrgenommen. Seine Ohren und Augen waren in die Richtung des Stimulus gerichtet, die Nüstern bewegten sich, um Geruch aufzunehmen, die Augen haben sich eventuell ein wenig weiter geöffnet. In dem Moment, in dem das Pferd seine Aufmerksamkeit von diesem Reiz abwendet, sieht man, wie es seinen Kiefer lockert, indem es kaut, und damit quasi ein Calming Signal an jemand anderen oder sich selbst sendet.

Lecken und Kauen kann auch das Resultat eines trockenen Mauls sein, das durch einen Anstieg von Adrenalin verursacht wurde.[1] Das Kauen und Lecken stimuliert die Speichelsekretion. Manchmal sieht man ein Kauen zusammen mit Schütteln, nachdem sich das Pferd mit angespanntem Kiefer gewälzt hat. Es ist nicht sicher, ob das Kauen oder Schütteln dann wirklich Calming Signals sind.

Hinweis: Pferde beginnen nicht wie Hunde oder Menschen zu speicheln, wenn sie Futter erwarten. Wenn Ihr Pferd Calming Signals vor der Fütterung zeigt, dann wahrscheinlich, weil das Warten Stress verursacht.

2.43

2.44

2.9 KAUEN MIT HERAUSGESTRECKTER ZUNGE

Die Bewegungen, die beim Kauen mit herausgestreckter Zunge gemacht werden, sind die gleichen wie zuvor beschrieben. Das Pferd rotiert mit dem Unterkiefer und erzeugt dadurch sehr wahrscheinlich auch Geräusche. Die Zunge wird dabei nach vorne geschoben, gerade aus dem Maul heraus, und dann wieder eingezogen. Dies kann das Pferd mehrmals hintereinander zeigen.

Kauen mit herausgestreckter Zunge kann ein erstes Calming Signal sein, aber oft folgt es, nachdem schon eine Reihe anderer Calming Signals zu sehen waren, z. B. Blinzeln, Absenken von Kopf und Hals oder Kauen. Kauen mit herausgestreckter Zunge ist dann ein etwas stärkeres Signal als das reine Kauen. Wenn sich das Pferd durch das Kauen mit herausgestrecker Zunge nicht entspannen kann, kann es gähnen, den Kiefer dehnen oder es wechselt zu Übersprungsverhalten oder stärkeren Stresssignalen.

Geschmack wahrnehmen oder Schmerzen

Riechschleimhaut, vomeronasales Organ und Geschmacksknospen auf der Zunge arbeiten eng zusammen, wenn ein Pferd etwas anhand von Geschmack und Geruch untersuchen möchte, um es besser kennenzulernen.[2] Man kann Kauen mit herausgestreckter Zunge bei Pferden beobachten, die Zahnschmerzen haben oder z. B. sehr kaltes Wasser trinken. Sie können das Kauen während

2.43 Ein Traktor fährt vorbei; der Reiter ist abgestiegen. Vosje steht vorne, mit Blick auf den Traktor. Er kaut mit herausgestreckter Zunge. Orion steht im Hintergrund. Er kaut, aber die Zunge wird nicht herausgestreckt. Der Stimulus, der diese Calming Signals auslöst, ist der Traktor.

2.44 Vosje zeigt Calming Signals gegen Sybrand. Er blinzelt und kaut mit herausgestreckter Zunge.

und nach dem Trinken zeigen. Außerdem zeigen es Pferde, die gerade etwas Leckeres gefressen haben und versuchen, die Geschmacksempfindung zu verlängern. Es ist dann kein Calming Signal. Die Zunge wird seitlich an den Lippen entlanggeführt.

2.45 Das Pferd versucht, Geruchs- und Geschmacksmoleküle zu identifizieren.

2.46 In dieser Situation erfolgte das Kauen mit herausgestreckter Zunge direkt nach Schnüffeln und Lecken am Objekt.

2.10 GÄHNEN UND KIEFERDEHNEN

Gähnen

Beim Gähnen öffnet das Pferd sein Maul für mehrere Sekunden. Die Oberlippe wird zurückgezogen, die oberen und unteren Zähne sind sichtbar. Manchmal werden die Augen leicht zurückgerollt oder sind halb geschlossen, die Ohrmuscheln drehen sich zur Seite.

Gähnen kann ein Hinweis auf Müdigkeit sein oder ein Calming Signal. Immer, wenn ich es als Calming Signal beobachtet habe, stand das Pferd still; entweder schon länger oder es hatte gerade angehalten, um neben Gähnen noch andere Verhaltensweisen zu zeigen.

Ist das Gähnen ein Calming Signal, sieht man es oft zusammen mit anderen Calming Signals. Gähnen als Zeichen von Müdigkeit ist ein eigenständiges Signal. Es wird z. B. auch gezeigt, wenn das Pferd sich hinlegt – und das habe ich noch nie im Zusammenhang mit Calming Signals beobachtet.

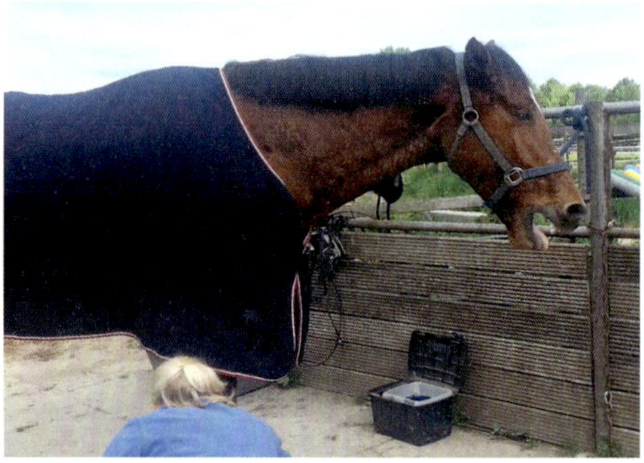

2.47

2.47 Miranda behandelt Que Passas Huf nach dem Reiten und ich filme es. Que Passa zeigt verschiedene Calming Signals, inklusive Gähnen. Warum? Vielleicht als Reaktion auf mich. Oder weil er stillstehen muss. Oder als Reaktion auf die Behandlung des Hufes.

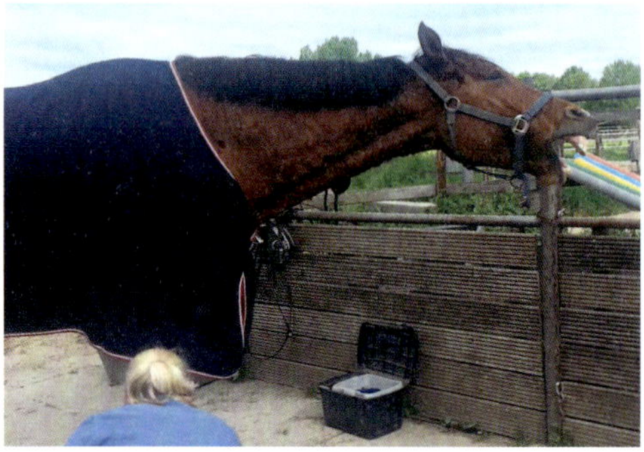

2.48

2.48 Wenn Que Passa gegähnt hätte, ohne vorher andere Calming Signals zu zeigen, könnte das Gähnen auch einfach ein Zeichen für Müdigkeit sein.

2.49 Protect zeigt eine Serie von Calming Signals, während er gesattelt wird. Er kaut ohne und dann mit herausgestreckter Zunge, anschließend gähnt er.

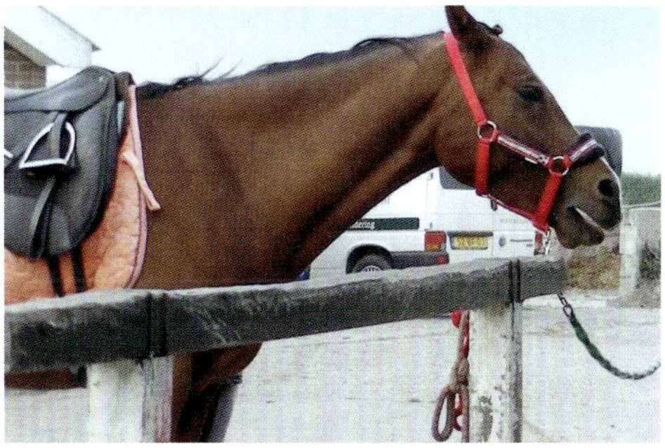

2.50 Zum Schluss zeigt Protect Kieferdehnen. Seine halbgeschlossenen Augen sind ein weiteres Calming Signal.

Kieferdehnen

Das Dehnen des Kiefers wird als einzelnes Calming Signal selten gezeigt, sondern meist in Kombination mit Gähnen. Es kann vor oder nach dem Gähnen auftreten. Während der Kieferdehnung öffnet das Pferd sein Maul, ohne dass die Zähne sichtbar werden, die Zunge wird nicht vorgestreckt. Das Maul bleibt für ein paar Sekunden geöffnet, die Augen sind halb oder ganz geschlossen, die Ohren können jede Position einnehmen, aber ich habe sie meist zur Seite oder nach hinten gedreht gesehen.

2.51

2.51 Calming Signal, kurz bevor das Pferd aufgetrenst wird

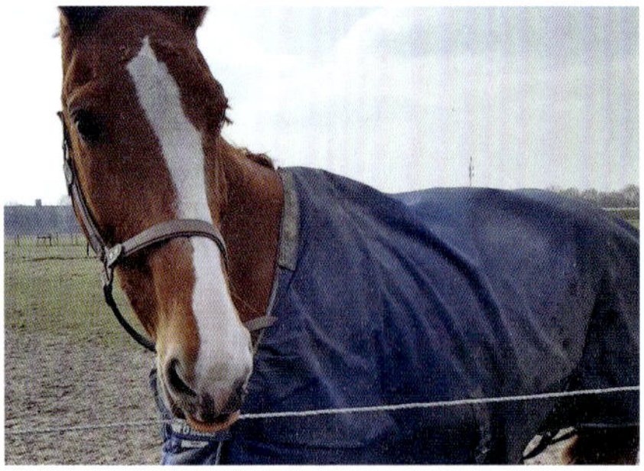

2.52

2.53

2.54

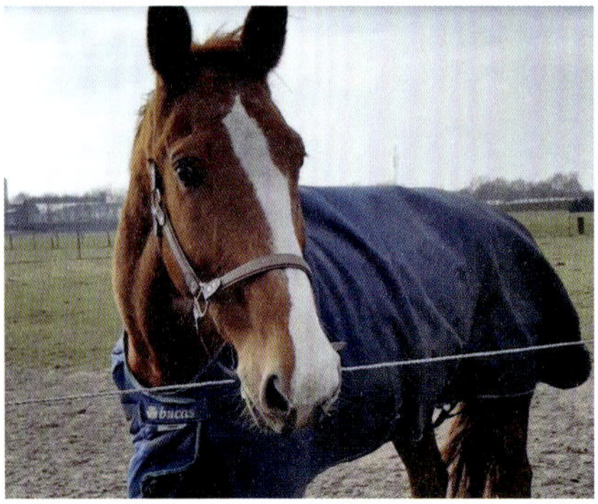

2.55

Das Kieferdehnen folgt oft sofort oder ein paar Sekunden nach anderen Calming Signals, z. B. Blinzeln, Blickabwenden, Kauen mit oder ohne herausgestreckte Zunge.
Kauen mit oder ohne herausgestreckte Zunge, Kieferdehnen und Gähnen wird oft auch kurz vor dem Auftrensen gezeigt. Ein weiteres Beispiel eines Kieferdehnens in Kombination mit anderen Signalen sehen Sie auf den Bildern 2.52–2.55. Manchmal wird fälschlicherweise Verhalten aus einer anderen Funktionsgruppe als Kieferdehnen interpretiert (Bild 2.56).

2.52 Vosje startet Interaktion, indem er mich anguckt. Als Calming Signal kaut er mit herausgestreckter Zunge.
2.53 Vosje zeigt ein intensives Kieferdehnen.
2.54 Halsabwenden und Blickabwenden (es ist kein anderer Stimulus in der Richtung, in die er schaut). Vosjes rechte Ohröffnung bleibt auf mich gerichtet.
2.55 Vosje nimmt wieder Augenkontakt auf.
2.56 Vosje wiehert einem anderen Pferd zu. Ohne das Geräusch sieht es aus wie ein Kieferdehnen. Vosje hat die Augen geöffnet und seine Ohrmuscheln richten sich nach vorne. Er ruft nach dem anderen Pferd. Seine Augen zeigen ein deutlich anderes Bild, als wir es beim Kieferdehnen sehen würden.

2.56

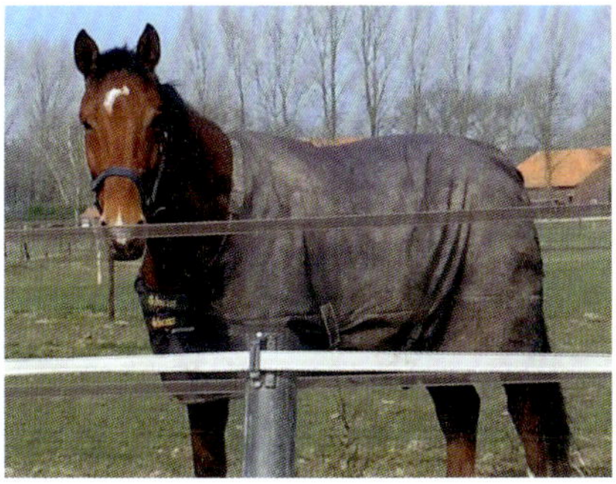

2.57

2.58

2.59

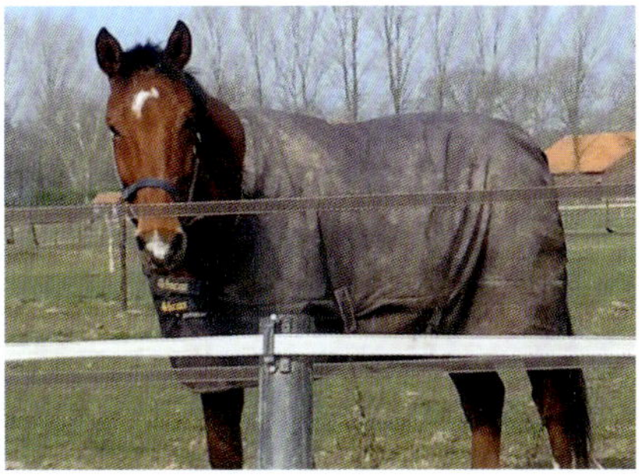

2.60

2.57 – 2.60 Kopfabwenden
Que Passa steht auf der Weide. Ich stehe ihm auf der anderen Seite des Zauns frontal gegenüber, während ich filme. Er zeigt ein Kopfabwenden (2.57 – 2.60) Im Video (nicht auf den Fotos) sieht man auch, wie er mehrmals blinzelt. Auf Bild 2.60 wendet Que Passa sich mir wieder zu, schaut mich an und wartet auf meine Reaktion.

2.11 KOPFABWENDEN

Den Kopf abzuwenden bedeutet, dass das Pferd seinen Kopf zur Seite bewegt, während Hals und Körper stationär bleiben. Daran können Sie dieses Signal erkennen.

Ein Pferd kann den Kopf abwenden, während es stillsteht, Schritt geht oder trabt. Ich habe dieses Signal meistens gesehen, wenn Pferde stillstanden. Der Kopf kann nach rechts oder links bewegt werden, abhängig von den Vorlieben des Pferdes, aber immer wird er vom Stimulus wegbewegt, den es damit beschwichtigen möchte oder mit dem es kommuniziert. Beide Ohren sind in der Regel nach vorne gerichtet und zeigen in die Richtung, in die der Kopf bewegt wurde. In einigen Fällen kann aber auch eine Ohröffnung nach vorne und die andere in Richtung des Stimulus zeigen.

2.61

2.61 Victor (das dunkelbraune Pferd) und Saar (der Schecke links) sind zum ersten Mal Nachbarn auf dem Paddock. Sie begrüßen sich sehr höflich und beschwichtigend: Beide bewegen sich parallel und relativ eng zueinander.

2.62

2.62 Sie beschnüffeln sich gegenseitig an den Nüstern. Victor zeigt auch halb geschlossene Augen als Calming Signal. Saar zeigt ein Kopfabwenden als Calming Signal.

2.63

2.63 Victor zeigt Kopf- und Halsabwenden.

2.64

2.64 Victor beginnt zu fressen. Auf dem Video sieht man, wie Saar seinem Beispiel eine Sekunde später folgt. Fressen und Flanke zuwenden sind Calming Signals, auf die in den Kapiteln 2.19 und 2.20 näher eingegangen wird.

Während des Abwendens wird der Augenkontakt mit dem Stimulus unterbrochen. Das Pferd kann andere mimische Calming Signals zeigen, wie Blinzeln, Kauen ohne oder mit heraushängender Zunge oder Kieferdehnen. Das Abwenden des Kopfes kann aus allen Halsstellungen heraus erfolgen, aber ich habe es meistens aus einer mittelgradig hohen oder sehr hohen Halsposition heraus beobachtet.

Durch das Kopfabwenden wird sehr deutlich, dass das Pferd zuvor mit einem Stimulus, z. B. einem Menschen, kommuniziert hat. Im Anschluss wird der Kopf in die vorige Position zurückbewegt und die Person angeblickt, auf eine Reaktion wartend (Bilder 2.57 – 2.60).

Kopfabwenden kann auch gezeigt werden, wenn Pferde zum ersten Mal zusammentreffen (Bilder 2.61 – 2.64).

Wenn eine Person frontal vor dem Pferd steht und es ansieht, kann das Pferd ein Kopfabwenden als Calming Signal zeigen (Bild 2.65).

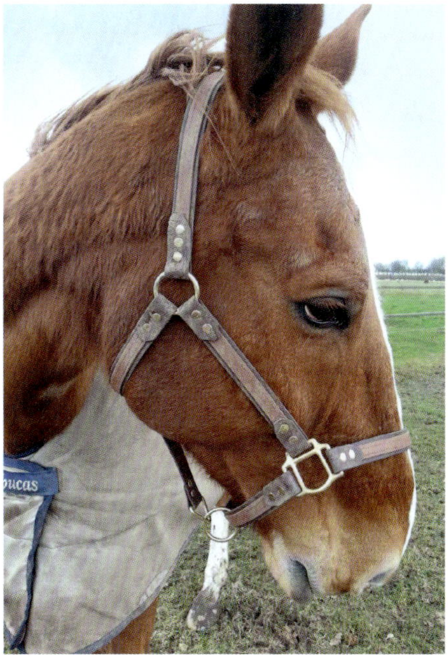

2.65 Kopfabwenden als Calming Signal. Die Ohrmuschel ist auf die Person gerichtet, mit der das Pferd kommuniziert. Der Blick ist abgewandt, ein weiteres Calming Signal, das Pferd ist ansonsten entspannt. Die Unterlippe hängt etwas weiter herunter als die Oberlippe.

Kopfabwenden, aber anders

Wird Kopfabwenden als Calming Signal gezeigt, ist kein Stimulus vorhanden in der Richtung, in die das Pferd seinen Kopf wendet. Dies ist ein deutlicher Unterschied zu einem Pferd, welches den Kopf abwendet, um sich etwas anzusehen. Wenn Sie Zeit mit Ihrem Pferd verbringen, sehen Sie Kopfabwenden, das einen anderen Zweck hat als zu beruhigen und zu beschwichtigen. Folgende Motivationszustände können dafür verantwortlich sein:

1. Kopfwenden, um einen anderen Stimulus anzublicken oder ihm zu folgen (Bild 2.66);
2. Kopfwenden in die Richtung, in die sich das Pferd dann auch bewegt;
3. Das Pferd wendet seinen Kopf zu Ihnen und zurück und lädt Sie so ein, ihm zu folgen, wenn es weggeht.

2.66

2.66 Ich stehe neben Indys rechter Schulter und streichle ihn. Indy wendet seinen Kopf von mir ab und folgt einer vorbeigehenden Person mit seinen Augen und Ohren. Das Kopfwenden ist kein Calming Signal gegen mich. Man sieht, dass sowohl Indys Augen als auch seine Ohren auf den neuen Stimulus ausgerichtet sind.

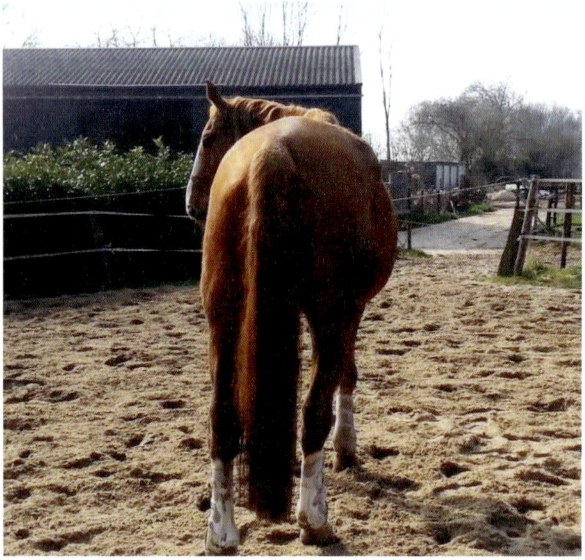

2.67

2.67 Vosje geht auf das Tor des Reitplatzes zu. Sein rechtes Ohr zeigt in die Bewegungsrichtung. Er bewegt sich gerade nach vorne und schaut sich dabei zu mir um; sein linkes Auge blickt mich an, sein linkes Ohr ist ebenfalls auf mich gerichtet. Nachdem er sich umgesehen hat, trägt Vosje seinen Kopf zwischen der horizontalen und mittelgradig hohen Position.

Natürlich ist es möglich, dass mehrere Motivationen zur gleichen Zeit vorhanden sind und konkurrieren. Das Pferd zeigt ein Kopfabwenden als Calming Signal und gleichzeitig, um deutlich zu machen, in welche Richtung es gehen möchte. In diesem Fall wird es auch sehr deutlich in die entsprechende Richtung blicken.

Ich habe eine andere Form des Kopfabwendens oft bei Pferden gesehen, die sich von der Gruppe entfernen. Nach dem Motto „Was machst du gerade? Kommst du mit?“, lädt ein Pferd so vielleicht die anderen ein, ihm zu folgen – oder kontrolliert, ob sie es tun.

2.12 HALSABWENDEN

Das Abwenden des Halses als Calming Signal ist auffälliger als ein Kopf- oder Blickabwenden. Beim Halsabwenden wird nicht nur der Kopf von dem Stimulus wegdrehen, mit dem das Pferd gerade kommuniziert, sondern der ganze Hals biegt sich zur Seite. Rumpf und Beine bleiben in der Position. Das Pferd wendet den Hals nicht ab, um sich etwas anderes anzuschauen (Bild 2.113). Beide Ohren sind nach vorne gerichtet, oder ein Ohr nach vorne und dahin, wo die Aufmerksamkeit des Pferdes geweckt wurde.

Hals- und Kopfabwenden werden oft miteinander gezeigt: Zunächst wird der Kopf weggedreht, dann wendet sich das Pferd wieder dem Stimulus zu, dann folgt das Halsabwenden (Bild 2.68, 2.69). Während des Halsabwendens

2.68

2.69

2.68 Das Pferd zeigt ein Halsabwenden als Calming Signal gegen den Hund.
2.69 Das Pferd zeigt ein Halsabwenden gegen den Fotografen. Achten Sie auf die Position der Ohren. Beide Pferde haben je ein Ohr auf den ursprünglichen Stimulus gerichtet – Hund bzw. Fotograf.

2.70

2.71

2.73

2.74

kann das Pferd andere mimische Calming Signals zeigen, z. B. Blinzeln, Kauen mit oder ohne herausgestreckte Zunge oder Kieferdehnen. Ich habe das Halsabwenden sowohl in der Bewegung als auch beim stehenden Pferd beobachtet.

Hinweis: Ein Pferd kann Kopf und Hals auch abwenden, um etwas genauer zu betrachten. In dieser Situation ist es ein absichtsvolles Verhalten mit einem konkreten Ziel. Der Fokus ist nach außen gerichtet, um zu sehen, nicht unbedingt, um zu kommunizieren (Bild 2.75, 2.76). Natürlich ist es möglich, gleichzeitig etwas zu betrachten und damit zu kommunizieren. In diesem Fall wird das Pferd während der Betrachtung eine Sequenz von Calming Signals zeigen.

2.72

2.70 Gertie und Hanneke treffen sich zu einem Ausritt an einer Straßenkreuzung. Die Pferde haben sich zum ersten und einzigen Mal sechs Monate vorher gesehen. Orion kommt links in das Blickfeld.
2.71 Die Pferde betrachten einander.
2.72 Dann zeigt jedes Kopf- und Halsabwenden.
2.73 Das dient dazu, den anderen zu beschwichtigen und sich selbst zu beruhigen und ist ein höflicher Start in mögliche weitere Interaktionen. Die Zügel sind bei beiden Pferden locker.
2.74 Gertie und Hanneke unterhalten sich und mischen sich nicht in die Kommunikation der Pferde ein.

2.75

2.76

2.75 – 2.76 Kopf- und Halsabwenden, um sich etwas Bestimmtes anzusehen. Der Fokus ist nach außen gerichtet.

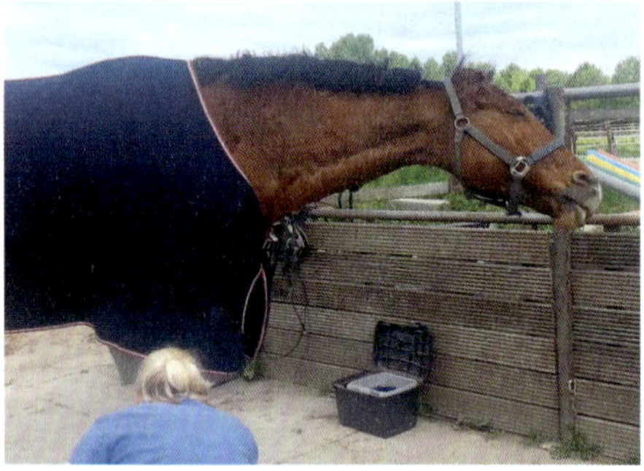

2.77 Ich filme Que Passa, während er von seiner Besitzerin geputzt wird. Er zeigt verschiedene Calming Signals: Gähnen, Kieferdehnen, Halsschütteln.

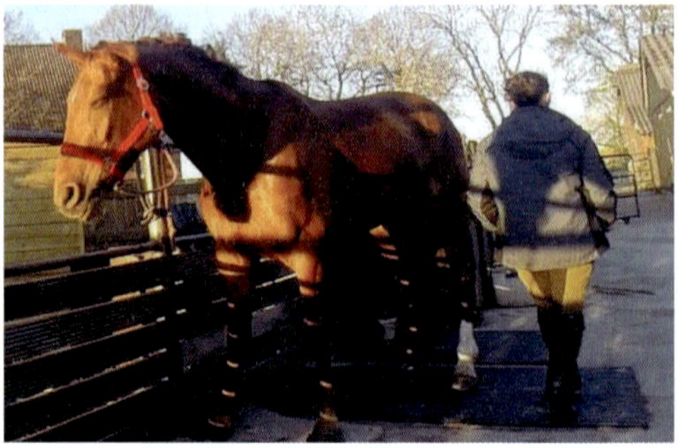

2.78 Hanneke hat gerade das Vorderbein trocken gerieben. Elanta zeigt daraufhin Halsschütteln als Calming Signal. Dies zeigt sie oft, nachdem Hanneke sich mit ihren Hufen beschäftigt hat.

2.79 Dieses Pferd zeigt eine Reihe von Calming Signals als Reaktion auf den Hund, eines davon ist Halsschütteln.

2.80 Itske schüttelt den Hals, während die Position des Sattels geprüft wird. Er schlägt auch mit dem Schweif.

2.13 HALSSCHÜTTELN

Während das Pferd seinen Hals schüttelt, bleibt der restliche Körper still. Kopf und Hals werden zwischen der horizontalen und mittelgradig hohen Position getragen. Das Pferd schiebt seine Nase nach vorne. Kopf und Hals bewegen sich mehrmals in kurzen seitlichen Schüttelbewegungen hin und her, die Augen sind dabei geschlossen.

Ein Halsschütteln kann als Teil einer Sequenz von verschiedenen Calming Signals gezeigt werden und ist in diesem Fall eine Steigerung in der Signalintensität. Es kann aber auch als ein Einzelsignal zu sehen sein, als Reaktion auf einen Stimulus, der stärkeren Stress beim Pferd verursacht hat. Ich denke, Halsschütteln ist eines der Calming Signals, die sehr deutlich machen, dass das Pferd in einer stärkeren Stressbelastung ist oder war.

Halsschütteln kann auch eine andere biologische Funktion haben, z. B. wenn ein Pferd Fliegen abwehren oder Sand oder Wasser abschütteln möchte.

2.81 Körperschütteln

2.14 KÖRPERSCHÜTTELN

Ein Schütteln des gesamten Körpers wird aus einer stationären Position gezeigt. Das Pferd senkt seinen Kopf und Hals zu einer horizontalen oder mittelgradig niedrigen Position. Die Nase ist leicht nach vorne gestreckt. Es zeigt eine seitliche Schüttelbewegung mit dem Körper, beginnend am Kopf, dann über den Rumpf und zum Schluss in den Schweif übergehend. Manchmal ist das Maul währenddessen leicht geöffnet.

Als Calming Signal kann Körperschütteln auf zwei Arten gezeigt werden:

1. Als alleiniges Signal – dann ist es eine direkte Reaktion auf einen Stimulus, der stärkeren Stress beim Pferd verursacht.
2. Innerhalb einer Sequenz von Calming Signals – meist sind dann zuvor eine Reihe anderer Calming Signals zu sehen. Körperschütteln folgt oft auf Halsschütteln.

Ich sehe, dass Prince an das Ende des Paddocks geht. Er möchte Gras fressen, streckt seinen Kopf unter dem Zaun hindurch, berührt ihn und bekommt einen elektrischen Schlag. Prince springt deutlich zurück und schnaubt kräftig. Danach schüttelt er seinen Körper. Er geht vom Zaun weg und schüttelt den Hals in horizontaler Position. Seine Augen sind halb geschlossen und seine Ohren zeigen nach vorne. Er dreht sich zum Zaun um und macht eine nickende Bewegung des Kopfes (Kapitel 2.15), wobei die Ohren zurückgelegt sind. Diese wiederholt er gegen den Zaun, mit halb geschlossenen Augen, vorwärts gerichteten Ohren, anschließend auch noch ein drittes Mal, gefolgt von Halsschütteln. Dann trägt Prince seinen Kopf in horizontaler Position, die Augen sind halb geschlossen, die Ohren seitlich ausgerichtet und die Nüstern lang und entspannt.

2.82 Körperschütteln

Die gesamte Szene dauert eine Minute und fünf Sekunden. In diesem Zeitraum sahen wir Körperschütteln, Halsschütteln und halb geschlossene Augen. Das Kopfnicken muss differenziert betrachtet werden: Es kann auch sein, dass Prince dadurch nur noch einmal einen guten Blick auf den Zaun haben wollte und dafür seinen Blickwinkel geändert hat[3]. Oder es kann ein Calming Signal gewesen sein, oder eine Kombination aus beidem. Insgesamt hat er viele Signale in gerade einmal einer Minute gezeigt.

Elanta ist draußen angebunden. Ihre Besitzerin putzt sie und geht weg, um etwas zu holen. Elanta steht alleine, als ich sie beobachte. Dann kommt ein Stallarbeiter um die Ecke, der einen kleinen Rasenmäher schiebt. Elanta zeigt sofort ein Körperschütteln.

Wir Menschen kennen dieses Phänomen auch. Haben Sie jemals etwas in den Mund genommen, von dem sie dachten, dass es sehr lecker wäre – aber nachdem sie abgebissen haben, fanden sie es extrem eklig? Es ist sehr wahrscheinlich, dass Sie in diesem Moment ein Schütteln unterdrücken mussten.

Info

Genauso wie Halsschütteln hat auch Körperschütteln eine biologische Funktion. Sich komplett zu schütteln, ermöglicht dem Pferd, Sand oder Wasser oder lästige Fliegen loszuwerden. Insofern ist es nicht ungewöhnlich, dass Pferde ein vollständiges Körperschütteln direkt nach dem Wälzen zeigen. Ob das Schütteln in dieser Situation auch eine Qualität als Calming Signal hat, ist eine interessante Frage.

2.15 ABSENKEN VON KOPF UND HALS

Kopfabsenken bedeutet, dass das Pferd seinen Kopf und Hals als Calming Signal von einer hohen, mittelgradig hohen oder horizontalen Position zu einer mittelgradig niedrigen oder niedrigen Position absenkt. Die Zeitspanne, in der beides tief bleibt, kann variieren. Wenn sich der Kopf nach unten und gleich wieder zur ursprünglichen Position nach oben bewegt, nenne ich das eine wippende oder nickende Bewegung. Wird die niedrige Position aber für fünf Sekunden oder länger gehalten, spreche ich von einem anhaltenden Absenken von Kopf und Hals.

Nickende oder wippende Bewegung

Der Kopf wird schnell von einer hohen, mittelgradig hohen oder horizontalen Position zu einer deutlich niedrigeren Position abgesenkt und innerhalb von einer bis maximal fünf Sekunden wieder auf die ursprüngliche Position angehoben. Dies zeigten Pferde im Stand, aber auch in Schritt, Trab oder Galopp.

Diese Bewegung kann als einzelnes Calming Signal als direkte Reaktion auf einen Stimulus gesehen werden. Hat ein Pferd z. B. Schwierigkeiten, ein bestimmtes Bein anzuheben, zeigt es das Wippen vielleicht direkt vor dem Anheben dieses Beins. Das Wippen kann auch Teil einer Sequenz von verschiedenen Calming Signals sein.

Ich sehe diese Bewegung oft, wenn Pferde sich unbekannte Individuen oder Objekte ansehen. Es kann zwei Funktionen haben: Zum einen beruhigt es den jeweiligen Stimulus und das Pferd selbst. Zum anderen wird es dem Pferd so möglich, den Stimulus aus verschiedenen Blickwinkeln genauer anzuschauen. Susan Mcbane erläutert dies in ihrem Buch „Horse Senses":

„Auf der Netzhaut (Retina) von Pferden gibt es streifenförmig angeordnete horizontale Bereiche, knapp unterhalb des Äquators der Retina, in dem besonders viele Sinneszellen angeordnet sind. Hier haben Pferde ihre beste Sehschärfe – im Vergleich zum eher runden Bereich im menschlichen Auge (...). Das Pferdeauge kann sich nicht stark in der knöchernen Augenhöhle bewegen, wieder im Gegensatz zum Menschen. Diese Auffälligkeiten plus der insgesamt geringeren Sehschärfe bedeuten, dass das Pferd seinen Kopf viel mehr hoch, runter und zur Seite bewegen muss, um optische Stimuli gut zu betrachten. Früher nahm man an, dass Pferde so die leicht abfallende Retina kompen-

2.83

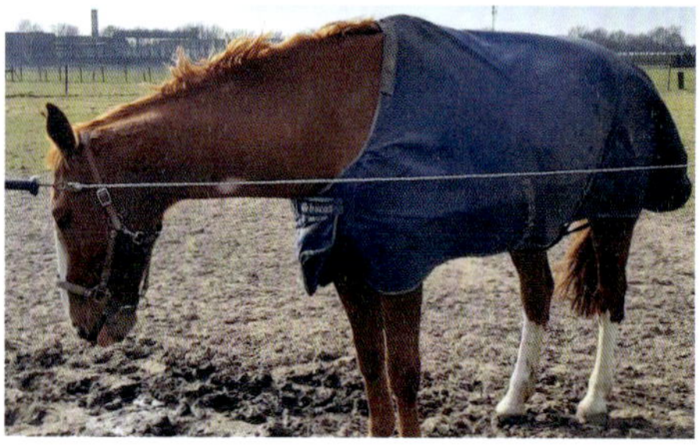

2.84

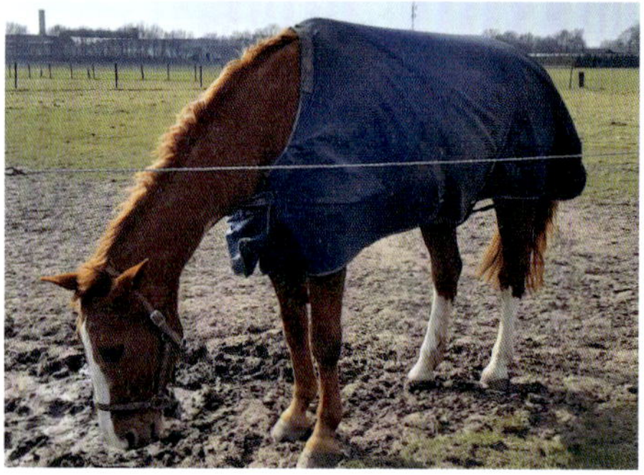

2.85

2.86

sieren, heute weiß man, dass es darum geht, die Sehstreifen in die bestmögliche Position zu bewegen, um den Stimulus als Ganzes zu erfassen."[3]

Eine wippende Kopf-Hals-Bewegung zeigen Pferde oft, nachdem sie etwas Aufregendes oder leicht Gefährliches wahrgenommen haben. Es wirkt fast so, als ob das Pferd damit Stress an sich abgleiten lässt. Manchmal schnauben die Pferde während dieser Bewegung.

Stress abzubauen ist auch wichtig, wenn das Pferd für eine Weile stärker gestresst war oder sich erschreckt hat. Der Moment, in dem Stress nachlässt, ist der Moment, in dem das Pferd die wippende Bewegung zeigt. Wenn die Stressbelastung sehr hoch ist, sieht man sie auch im Trab oder Galopp. Die niedrige Position des Kopfes kann für ein paar Sekunden gehalten werden. Lässt die Stressbelastung langsam nach, sieht man auch andere Calming Signals (Bilder 2.83 – 2.86). Wenn der Stress allerdings bestehen bleibt, wird die nickende Kopfbewegung durchsetzt mit Signalen für stärkeren Stress oder Übersprungsverhalten oder beides.

2.83 Vosje muss warten und blickt in die Richtung, in die er gerne gehen würde.
2.84 Er senkt Kopf und Hals ab als Calming Signal, während er mit herausragender Zunge kaut und blinzelt.
2.85 Vosje senkt den Kopf und hebt ihn sofort wieder an.
2.86 Vosje blickt in die Richtung, in die er gehen möchte.

2.87 Anhaltendes Kopfabsenken in der Kommunikation mit einem bekannten Pferd

Anhaltendes Kopfabsenken

Beim anhaltenden Absenken bewegt das Pferd seinen Kopf und Hals sehr schnell nach unten und hält diese niedrige Position für mindestens fünf Sekunden, unter Umständen auch für 25 oder mehr Sekunden, bevor der Kopf wieder auf die ursprüngliche Position angehoben wird. Ich habe anhaltendes Kopfabsenken bei Pferden beobachtet, die mit bekannten Pferden kommuniziert haben (Bild 2.87), mit anderen Tieren oder Menschen. Man sieht es z. B., wenn ein Pferd auf einen Paddock geführt wird, auf dem bereits andere Pferde stehen. Während das neue Pferd hineingeführt wird, hält es den Kopf abgesenkt, als Calming Signal für die anderen und sehr wahrscheinlich auch für die eigene Entspannung. Das anhaltende Absenken kann erweitert werden durch ein Kopf- oder Halsabwenden.

Die Pferde zeigen das anhaltende Kopfabsenken meistens während sie stillstehen oder Schritt gehen.

Ich habe ein anhaltendes Kopfabsenken auch bei Pferden gesehen, die in eine Art erlernte Hilflosigkeit gegangen sind und sich damit gegen Umweltstimuli abgeschottet haben (siehe Kapitel 4.4). Man sieht es auch bei Pferden, die im Freien stehen und starkem Wind oder Regen ausgesetzt sind: Sie drehen das Hinterteil in den Wind und halten ihre Köpfe tief.

Hinweis: Den Kopf sehr niedrig zu tragen findet man auch bei dösenden oder schlafenden Pferden und natürlich bei Pferden, die am Boden schnuppern, um Futter oder einen guten Platz zum Wälzen zu finden. In diesem Fall ist das Absenken von Kopf und Hals kein Calming Signal, sondern gehört zu anderen Funktionskreisen von Verhalten.

2.16 BOGENLAUFEN UND SICH SEITLICH BIEGEN

Heute habe ich einen blauen, aufblasbaren Plastikdelfin zum Stall mitgebracht. Ich habe ihn nacheinander bei verschiedenen Pferden in deren Paddock, aber in großer Distanz zum Pferd, platziert. Die Reaktionen waren sehr unterschiedlich: Einige Pferde waren neugierig und untersuchten das neue Objekt intensiv optisch, olfaktorisch und taktil. Andere zeigten eine abwartende Beobachtungsstrategie. Sie grasten für zehn Minuten mit dem Delfin zugewandten Flanken. Das ermöglichte ihnen, das Objekt zu betrachten, aber zu mehr Interaktion waren sie mental nicht in der Lage.

Wenn sich ein Pferd einem Menschen, Tier oder Objekt vorsichtig und höflich annähern möchte, dann sieht man oft, dass es sich von seiner ursprünglichen Position aus bogenförmig darauf zu bewegt. Es zeigt auch eine leicht gebogene Körperhaltung. Die Größe des gelaufenen Bogens ist abhängig von dem Raum, welchen das Pferd zur Verfügung hat, aber auch davon, wie das Pferd das Objekt einschätzt und wie höflich es sich nähern möchte. Während es näherkommt, kann das Pferd andere Calming Signals zeigen, wie z. B. Kopfabwenden, Blinzeln, Kopfwippen, kurzes Anhalten, steif stehen bleiben und/oder sich sehr langsam bewegen (Bilder 2.88 – 2.93).

2.88

2.89

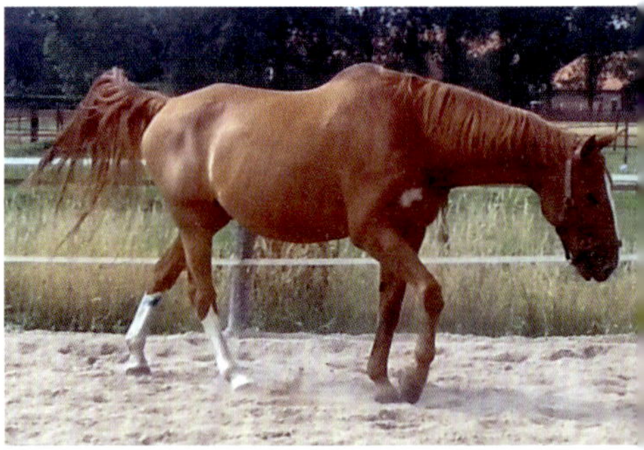
2.90

2.91

Bogenlaufen kann kombiniert mit Calming Signals gezeigt werden und ist eine Möglichkeit, das Objekt aus verschiedenen Blickwinkeln zu betrachten, denn es wechselt im Blickfeld des Pferdes von binokular (beide Augen betrachten gleichzeitig) zu monokular (nur ein Auge betrachtet das Objekt).

Wann nähern Pferde sich in gerader Linie an?

Pferde nähern sich einem Individuum oder Objekt in gerader Linie an, wenn
— es Vertrauen in die Person oder das Objekt hat.
— es sich über das gute Verhältnis zum Individuum oder Objekt sicher ist.
— das Pferd Spielverhalten zeigt.
— es Angst hat und sich Unterstützung erbittet.
— es durch belohnungsbasiertes Training gelernt hat, das so zu machen.
— es damit ein Signal zur Distanzvergrößerung gibt, z. B. jemanden verjagt oder in die Luft beißt.
— es einen direkten frontalen Angriff zeigt.

2.88 Der Bogen wird aus einer waagerechten Halsposition heraus gestartet.
2.89 Die Nüstern sind lang und entspannt.
2.90 Während der bogenförmigen Annäherung zeigt Vosje Kopfabwenden und Kauen. Dies kann eine zusätzliche Geste der Höflichkeit gegenüber dem Objekt sein, vielleicht versucht Vosje auch, sich selbst zu beruhigen und Spannung abzubauen, oder es ist eine Kombination von beidem.
2.91 Es gab sehr viele Fliegen an dem Tag, an dem ich das aufgenommen habe. Insofern kann die Schweifbewegung auch dazu gedient haben, die Fliegen zu verjagen.
2.92 Der Kopf ist abgewandt und die Biegung im Rücken bleibt bestehen ..,
2.93 ..., bis das Objekt erreicht ist.

2.92

2.93

2.17 SPLITTING

Pferde splitten, wenn sie einen möglichen Konflikt zwischen zwei Individuen verhindern wollen. Wenn ein Pferd splittet, verändert es seine Position und bildet quasi eine Barriere zwischen den beiden Konfliktpartnern. Das können zwei andere Pferde sein, ein Pferd und ein Hund (Bilder 2.94 – 2.98) oder ein anderes Tier, ein Pferd und ein Kind, ein Pferd und ein Fahrradfahrer, ein Pferd und ein Objekt oder sogar ein Pferd und ein Geräusch, das leichten Stress verursacht.

Das Splitten unterbricht bei den Konfliktpartnern das Verhalten, welches sie gerade zeigten oder beabsichtigten zu zeigen (Bild 2.99, 2.100).

2.94

2.95

2.96

2.97

2.98

2.94 – 2.98 Hund und Fohlen betrachten einander durch den Zaun. Das Pony auf der linken Seite möchte einen möglichen Konflikt verhindern und splittet zwischen Hund und Fohlen. Die Mutter des Fohlens beobachtet aus der Distanz heraus und ist nicht auf diesen Fotos zu sehen.

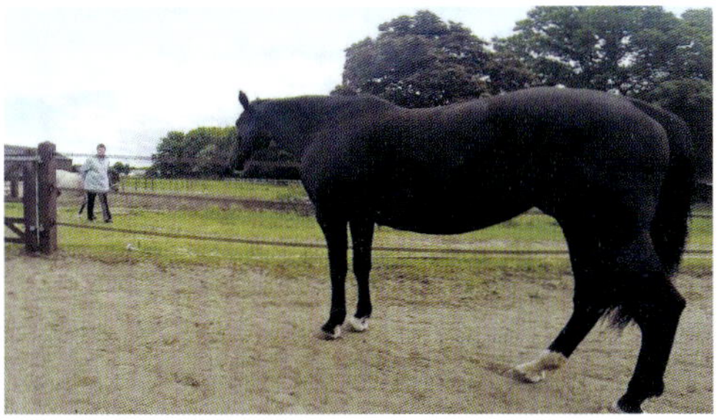

2.99 Hier filme ich und mache Fotos. Dabei unterhalte ich mich mit Ristin und blicke frontal in ihre Richtung. Aufgrund der Distanz sprechen wir recht laut. Pearl wendet mir ihr linkes Ohr zu.

2.100 Pearl sieht mich jetzt auch an. Dann splittet sie zwischen Ristin und mir. Sie bewegt sich zwischen uns, hält an und bleibt ein paar Sekunden stehen, bevor sie weitergeht.

Pferde können splitten, indem sie an einen strategisch günstigen Platz gehen und dort stehenbleiben. Aber man kann Splitten auch in Bewegung sehen. Ein Pferd wird sich im Schritt, Trab oder Galopp zwischen die Konfliktpartner drängen.

Splitten bei wichtigen Ressourcen

Wenn etwas, eine Person, ein anderes Individuum oder Objekt für das Pferd eine sehr wichtige Ressource darstellt, kann das Pferd versuchen, diese über Splitting gegen andere Individuen abzugrenzen, sie zu bewachen oder verteidigen. Das Pferd wird sich zwischen die Ressource und ein anderes Pferd stellen. Man sieht dies oft auf der Weide, wenn z. B. nicht genug Wasser im Trog ist oder Futter nur an einer Stelle zu finden und insgesamt nicht genug für alle Pferde. In diesen Situationen wären Futter und Wasser wertvolle Ressourcen, die man nicht teilen möchte.

Jedes Pferd wird individuell bestimmten Ressourcen eine gewisse Wichtigkeit und Wertigkeit zuschreiben. Bei uns Menschen ist es nicht anders: Den einen kann man mitten in der Nacht mit einem Eis aus dem Bett locken, der andere steht erst auf, wenn er einen schönen Spaziergang machen kann.

Wenn für verschiedene Pferde bestimmte Objekte oder Individuen den gleichen Wert haben, dann verursacht das Konflikte. Abhängig von der jeweiligen Motivation im Verhältnis zum subjektiven Wert können beide Pferde versuchen, das Objekt für sich zu beanspruchen. Wie sich Pferde in Konflikten um Ressourcen verhalten und wie lange ein Konflikt anhält, hängt von ihrer individuellen Motivation, ihrer Entschlossenheit und ihrem Charakter ab. Deshalb wird Splitten auch in sehr stressreichen Situationen eingesetzt, oft zusammen mit Distanz vergrößernden Signalen (siehe Kapitel 3).

2.101

2.102

2.101 Vosje steht auf der rechten Seite. Er fokussiert Lorain, die kastanienbraune Stute links. Seine frontale Position sagt, dass er sich auf sie zubewegen möchte. Saar, die Scheckstute, splittet die beiden, indem sie vor der gedachten Linie zwischen Vosje und Lorain steht.
2.102 Vosje steht auf der rechten Seite. In den letzten Wochen hat er Distanz vergrößernde Signale gegenüber Oscar, dem schwarzen Pferd links, gezeigt. Vosje hat Oscar mehrmals verjagt. Saar, die Scheckstute, war dabei Oscars Beschützer. Sie hat Vosje und Oscar regelmäßig gesplittet. Nach einigen Wochen beginnt sie nun, dies weniger intensiv und auffällig zu tun: Sie wendet ihre Hinterhand der imaginären Linie zwischen Vosje und Oscar zu. Sie kann beide immer noch gut sehen und jederzeit reagieren, wenn nötig.

Info

Pferde, die gesplittet werden und dies akzeptieren, reagieren dabei oft mit Calming Signals wie Kauen, Kopf- oder Halsabwenden, Kopfwippen, Flanken- oder Hinterhandzeigen gegen das splittende Pferd, und beginnen schlussendlich zu grasen. Die Signale werden oft begleitet von einer horizontalen oder mittelgradig niedrigen Position von Kopf und Hals.

Niederschwelliges Splitten

Wenn ein „Splitter" seine Aktion nicht drastisch durchsetzen muss, kann das Splitting auf zwei verschiedene Arten erfolgen. Im ersten Fall findet man das splittende Pferd vor einer gedachten Linie zwischen den beiden Parteien, die es splitten möchte (Bild 2.101). Im zweiten Fall wendet das splittende Pferd seine Hinterhand gegen die gedachte Linie zwischen den beiden Parteien (Bild 2.102). Auch wenn dies weniger auffällig ist, bleibt das Ziel das gleiche: Das splittende Pferd möchte Eskalationen vermeiden oder z. B. eines der beteiligten Pferde als Sozialpartner und damit Ressource für sich haben. Möchte ein Pferd seine Rolle als Splitter betonen, kann es sehr schnell agieren.

2.18 HINTERHAND ZUWENDEN

Für mich war es ein großer Augenöffner, zu entdecken, dass Stellung und Position eines Pferdes eine Bedeutung in der Kommunikation haben. Ich habe früher nie darüber nachgedacht. Es gibt zwei Stellungen, die als Calming Signals in ähnlichen Kontexten gezeigt werden:

1. So zu stehen, dass die Hinterhand auf das andere Individuum bzw. den Stressor gerichtet ist.
2. So zu stehen, dass die Flanke auf das andere Individuum bzw. den Stressor gerichtet ist.

Zunächst will ich auf das Hinterhand-Zuwenden eingehen. Dieses Calming Signal sieht man bei Pferden, die keinen Kontakt mit anderen haben möchten oder einen Konflikt vermeiden wollen. Oft haben sie anfangs den Fokus auf dem Stimulus. Sie zeigen mit dem Kopf in dessen Richtung oder halten den Kopf nur leicht abgewandt. Wenn dann die Stressbelastung leicht steigt, wenden sie ihre Hinterhand dem entsprechenden Stimulus bzw. Konfliktpartner zu. Ein Pferd, das seine Hinterhand zeigt, signalisiert damit, dass es entspannt ist und keinen Konflikt möchte. Aus dem gleichen Grund belastet es alle vier Beine gleichmäßig, hat die Ohren nach vorne auf etwas komplett anderes gerichtet oder fängt vielleicht an zu grasen (ein zusätzliches Calming-Element). Meistens werden Kopf und Hals niedrig bis mittelgradig hoch getragen.

Die Intensität, mit der ein Pferd sich abwendet, kann unterschiedlich sein. Meiner Erfahrung nach erfolgt das meistens aus einem ruhigen Schritt heraus. Es ist aber auch möglich, dass ein Pferd ein anderes verjagt, und das verjagte Pferd legt eine kurze Strecke im Schritt, Trab oder Galopp zurück, bevor es stillsteht, seine Hinterhand zum Aggressor wendet und mit dem Grasen beginnt. Ich vermute, dass das Zeigen der Hinterhand und das Grasen beiden Pferden ermöglicht, sich in einer kürzeren Distanz zueinander aufzuhalten, als wenn sich beide frontal gegenüberstehen und es zu einer offensiven Interaktion gekommen wäre.

2.103

2.104

2.105

2.106

Auffällig ist, dass das Pferd, das seine Hinterhand zeigt, entspannt zu sein scheint. Betrachten Sie dagegen die Fotos in Kapitel 3.10, wo es um Distanz vergrößernde Signale geht. Ein Beispiel zum Hinterhand zuwenden findet sich auch in der Sequenz 2.103 bis 2.106.

Das Zeigen der Hinterhand als Calming Signal sehen wir oft bei Pferden, die in sehr lauten Ställen mit viel Aktivität stehen. Wenn sie ihre Ruhe haben wollen, dann stellen sie sich so, dass die Hinterhand in Richtung Boxentür zeigt. Ich möchte deutlich hervorheben, dass Pferde damit nicht provozieren möchten oder drohen auszuschlagen. Ein Pferd, das droht, sieht komplett anders aus (siehe Kapitel 3.10). Das Pferd zeigt in solch einem aktiven Stall, dass es ein bisschen Ruhe haben möchte. Als logische Konsequenz dösen die Pferde in dieser Stellung oft oder schlafen. Dann bewegt sich der Kopf nach unten in die horizontale Position und das Pferd kann eines seiner Hinterbeine entlasten. Pferde, die sich bei schlechtem Wetter draußen aufhalten, ihre Hinterhand in den Wind stellen und den Kopf sehr niedrig tragen, zeigen ebenfalls kein Calming Signal.

2.103 – 2.106 Ich filme Prince und er antwortet direkt: Er wendet mir seine Hinterhand zu. Er hat kein Interesse an einer Interaktion mit mir, aber er möchte auch keinen Konflikt. Die einfache Botschaft lautet: „Bitte nicht stören." Beachten Sie, dass es keine anderen Stimuli in diesem Moment gab, auf die Prince hätte reagieren können.

2.19 FLANKE ZUWENDEN

Wenn ein Pferd seine Hinterhand zeigt, bedeutet das, es möchte in diesem Moment keinen Kontakt, aber auch keinen Konflikt. Es möchte nicht gestört werden und möchte auch nicht stören. Ein Pferd kann aber auch seine Flanken zeigen. Es kann die rechte oder die linke Flanke sein, die gegen einen Menschen, ein Objekt, ein Tier oder ein Geräusch gestellt wird. Nachdem das Pferd die Position eingenommen hat, steht es ruhig, entspannt, mit allen vier Hufen auf dem Boden, beide Ohren nach vorne gerichtet oder ein Ohr nach vorne und das andere gegen den Stimulus, mit dem es kommuniziert. Die Kopf-Hals-Position liegt zwischen niedrig und mittelgradig hoch. Meist steht das Pferd einige Meter entfernt von dem Individuum oder Objekt, dem es die Flanke zuwendet.

Flanke zuwenden bedeutet auch: „Bitte nicht stören", aber es gibt einen Unterschied zum Hinterhand zuwenden: Die Flanke zuzuwenden, bedeutet eine Pause in der Kommunikation, bevor die Interaktion weitergeht. Im Anschluss daran können viele Pferde die Initiative übernehmen, mit dem Stimulus interagieren und ihn untersuchen. Das findet meist statt, wenn der Stimulus (Person, Tier oder Objekt) nicht selbst die Initiative ergreift und auf das Pferd zugeht. So wird dem Pferd ermöglicht, selbst den geeigneten Moment für die Annäherung zu finden. Meistens habe ich das Flanke zuwenden beobachtet, wenn Menschen zügig und gerade auf ein Pferd zugehen.

Ein Pferd, das seine Hinterhand oder Flanke zuwendet, zeigt dabei in der Regel keine anderen Calming Signals. Immerhin ist das Abwenden ein sehr starkes, intensives Calming Signal. Man wird aber oft direkt danach andere Calming Signals sehen, z. B. Fressen, Weggehen mit Kaubewegung oder Absenken von Kopf und Hals.

Dies ist ein wiederkehrendes Muster, wenn Pferde sich mit unbekannten Objekten beschäftigen.

Ein unbekanntes Objekt liegt in der Mitte des Reitplatzes. Ein Pferd wird auf den Reitplatz gelassen, es betrachtet das Objekt und geht in eine Ecke. Dort richtet es seine Hinterhand gegen das Objekt und beginnt zu grasen. Nach ein paar Minuten, abhängig vom Pferd und seinen bisherigen Erfahrungen, geht es in Richtung der Buchstaben B oder E. Es steht jetzt parallel zum Objekt und mit

2.107

2.107 Oscar, das Pferd auf der rechten Seite, steht zu nahe an Lorain, die Kastanienbraune in der Mitte.

2.108

2.108 Vosje, der Fuchs ohne Fliegenmaske, verjagt Oscar, indem er ein Signal zur Distanzvergrößerung zeigt (siehe Kapitel 3.8).

2.109

2.109 Oscar geht weg.

2.110

2.110 Oscar zeigt seine Flanke in Richtung auf Vosje und beginnt zu fressen. Das sind zwei Calming Signals, durch die er zeigt, dass er keinen Konflikt möchte.

einer Flanke in dessen Richtung. Das Pferd beginnt wieder zu grasen, und kann dadurch das Objekt aus der Distanz beobachten. Nach ein paar Minuten nähert sich das Pferd in einem Bogen dem Objekt an, um es zu untersuchen.

Info

Die Hinterhand oder die Flanke zuwenden sind Calming Signals. Sie werden von Pferden als Höflichkeitsgeste gezeigt, und um sich und das Objekt zu entspannen und zu beruhigen (Bild 2.107 – 2.110). Pferde, die spielen, angreifen oder etwas verjagen möchten (auch im Spiel), oder Pferde, die dieses Objekt kennen, wären in einer geraden Linie darauf zugegangen, ohne Hinterhand oder Flanke zu zeigen.

Hinweis: Ein Pferd auf der Weide, auf dem Reitplatz oder Paddock zeigt durch seine Körperstellung, in welche Richtung es gehen möchte.

2.20 FRESSEN

Anfangs fand ich es schwer, Fressen als ein Calming Signal einzuordnen. Ich schaute es mir also näher an:

1. Fressen ist überlebenswichtig für Pferde, und wichtig für ihre physische Gesundheit. Genau wie seine Vorfahren muss ein domestiziertes Pferd permanent grasen. Das ist aber oft nicht mehr möglich. Es bestehen lange Pausen zwischen den Fütterungsperioden, die Pferde kommen nicht zum Grasen auf Weiden mit hochwertigem Gras. Dies kann zu Gesundheitsproblemen führen[4]. Der Magen des Pferdes produziert permanent Magensäure. Wenn das Pferd frisst, kommt mit dem Futter Speichel in den Magen und neutralisiert die Magensäure. Kann es für mehr als sechs Stunden nicht fressen, wird die Magensäure nicht neutralisiert, das Risiko für ein Magengeschwür steigt[5]. Einige Literaturquellen empfehlen, dass Pferde deutlich länger als sechs Stunden grasen sollten. Viele domestizierte Pferde senken, wann immer es möglich ist, den Kopf, um so viel Gras wie möglich aufzunehmen.
2. Pferde nutzen jede Möglichkeit zum Fressen, auch wenn sie gerade nicht besonders hungrig sind. Denken Sie an ein Pferd, das sich eben schnell ein

Maul voll Heu aus einem Ballen schnappt, während der Reiter es aus dem Stall führt. Das ist ein Resultat von Lernerfahrung und Gewohnheit und stellt keine Kommunikation dar.

Abgesehen von diesen Gründen stellt Fressen auch ein Calming Signal dar. Sowohl bei Pferden, die ihr tägliches Fresspensum erfüllt hatten, als auch bei Pferden, bei denen dies nicht der Fall war, habe ich Fressen als ein kommunikatives Element wahrgenommen. Ich habe Variationen in der Art und Weise gesehen, wie Pferde fressen, die außerhalb ihrer üblichen Fressmuster lagen, wie z. B. Änderungen bei der Häufigkeit des Abbeißens. Das habe ich genauer betrachtet und sehr genau die Anzahl der Bisse notiert, wenn Pferde für 45 Minuten grasten, während ich sie an einem Strick führte. Ich habe mir notiert, wie oft ein Pferd zwischen Minute eins bis fünf, Minute 20 bis 25 und Minute 40 bis 45 Gras abgebissen hat. Die Pferde waren immer auf der gleichen Weide, aber der jeweilige Kontext variierte. Das Wetter war unterschiedlich und manchmal wurde z. B. auf der Weide nebenan gearbeitet. Ich beobachtete die Pferde auch bei zunehmender Stressbelastung und konnte mir einen sehr guten Überblick über ihr Fressverhalten machen. Dabei habe ich Folgendes herausgefunden:

1. Wenn ein Pferd Stressbelastung reduzieren und Eskalation zwischen sich und einem anderen Stimulus vermeiden möchte, nimmt es den Kopf nach unten und beginnt zu fressen. Die Art und Weise, wie es seinen Körper dabei im Verhältnis zum Stimulus (Stressor) stellt, gibt zusätzliche Informationen. Stellt es seine Flanke in Richtung des Stimulus (ein zusätzliches Calming Signal), zeigt es eine kurze Pause in der Kommunikation. Es beobachtet den Stimulus während des Fressens und kann sich entscheiden, ob es sich annähert oder nicht. Dreht das Pferd beim Fressen seine Hinterhand gegen den Stimulus, sendet es ein stärkeres Signal, dass es mit dem Stimulus nicht interagieren möchte. Es hat die Kommunikation für eine längere Zeit beendet. Schaut es den Stimulus wieder an, wird es sich ihm nach einer kurzen Zeit auch annähern.
2. Kauen und Fressen entspannt. Wenn ein Pferd nicht fressen kann, weil kein Futter zur Verfügung steht, wird es oft am Boden schnuppern und mit seiner Nase den Boden etwas aufwühlen. In diesem Zusammenhang ist das kein Übersprungsverhalten (siehe Kapitel 2.22), sondern der Versuch, ein bisschen Gras zu finden.

3. Je stärker die Stressbelastung, desto häufiger beißt das Pferd im Verhältnis zum entspannten Zustand vom Gras oder Heu ab. Die Technik des Abbeißens kann auch unterschiedlich sein: Aufgrund der Stressbelastung kann das Pferd sein Maul ein bisschen weiter öffnen, bevor es abbeißt, oder es hebt seine Oberlippe ein bisschen an und zeigt die oberen Zähne beim Abbeißen.
4. Wenn die Stressbelastung dann noch stärker wird, ist das Pferd nicht mehr in der Lage zu fressen. Es beißt vielleicht noch Gras ab, kaut es aber nicht und lässt das Futter aus dem Maul fallen, bevor es das Fressen komplett einstellt.

Gemeinsam fressen verbindet

Pferde fressen üblicherweise in der Herde. Fressen ist eine soziale Aktivität. Reiter fühlen sich mit ihrem Pferd verbunden, wenn sie es reiten. Pferde fühlen sich anderen verbunden, wenn sie zusammen fressen. Ein Pferd baut meiner Meinung nach mit größerer Wahrscheinlichkeit eine Bindung zu seinem Reiter auf, wenn es geführt wird und beim Spazierengehen fressen kann. Reiter beschweren sich meist, wenn ihr Pferd bei jedem Grasbüschel

2.111 Fressen ist eine Möglichkeit, sich zu entspannen.

2.112

2.112 Fressen baut Bindung auf.

stehen bleibt, auch wenn der Reiter das nicht möchte. Sie sehen es als schlechte Angewohnheit an. Ich denke, dass ein Pferd hier frisst, damit es sich beruhigen kann (Bilder 2.111, 2.112). Hat es sich beruhigt (was man an der Art, wie es frisst, erkennen kann), bewegt es sich weiter.

Wenn man Spaziergänge mit dem Pferd macht, kann es anfangs eine Phase geben, in der das Pferd Gras fressen möchte, wo auch immer es sich gerade befindet. Nach meiner Erfahrung wird das Pferd einfacher mit Ihnen gehen, wenn Sie es ihm erlauben, entlang des Weges zu fressen. Sie können auch ein Wortsignal etablieren, das Ihr Pferd zum Fressen einlädt, und ein anderes, damit es aufhört und sie beide weitergehen können.

Info

Ein Pferd, das nicht fressen möchte, lässt sich auch nicht zum Fressen zwingen. Es ist ein Zeichen von stärkerem Stress. Dann muss man die Situation verändern, damit sich das Pferd entspannen kann. Natürlich kann auch eine Erkrankung die Ursache von mangelndem Appetit sein, deshalb ist es wichtig, einen Tierarzt oder Tierzahnarzt zu konsultieren.

2.21 STILLSTEHEN, LANGSAM WERDEN

Es gibt drei Varianten von Bewegungslosigkeit, die ein Pferd zeigen kann:

1. Stillstand als Reaktion auf einen Stimulus;
2. Stillstand als Reaktion auf starken Stress: Einfrieren;
3. Stillstand und verlangsamte Bewegungen als Calming Signal.

Stillstand nach einem Stimulus

Pferde zeigen diese Art von Bewegungslosigkeit als direkte Antwort auf einen Stimulus (Bild 2.113). Das Pferd beendet, was auch immer es gerade an Verhalten gezeigt hat, und beobachtet den auslösenden Reiz. Es hält seinen Kopf in einer mittelgradig hohen oder hohen Position. Die Ohren zeigen in die Richtung des Stimulus, den es sich näher anschauen möchte. Es benutzt alle Sinne, um zu identifizieren, was es vor sich hat. Die Art und Weise, wie das Pferd mit dem Stimulus umgehen kann, bestimmt auch den Grad der Stressbelastung.

— Wenn der neue Stimulus eher von leichter Qualität ist, und das Pferd ihn schnell erkennt und einordnen kann, zeigt es nur kurz eine leichte Stressbelastung und führt danach das Verhalten fort, das es vorher gezeigt hat.

2.113 Die Lipizzaner fressen, als sie ein Geräusch hören. Sie heben ihre Köpfe in eine mittelgradig hohe Position, stehen still und hören auf zu kauen. Nachdem sie sich drei Sekunden lang auf das Geräusch fokussiert haben, erscheint es ihnen ungefährlich und sie fressen weiter.

— Wenn der Stimulus dem Pferd nicht so gut bekannt ist, wird der Stillstand von leichter, mittlerer oder starker mimischer Anspannung begleitet (siehe Kapitel 3.3). Als Reaktion kann das Pferd Calming Signals zeigen oder auch eine leichte Tendenz zu Fight-or-Flight, indem es etwas zur Seite geht.

Info

Zusammenfassend kann man sagen, dass Bewegungslosigkeit bzw. Stillstand kein Calming Signal im eigentlichen Sinne ist, sondern eine physische Reaktion direkt auf einen Stimulus. Das Pferd zeigt währenddessen Calming Signals.

Stillstand bei starkem Stress: Einfrieren

Wenn die Stressbelastung als Reaktion auf einen neuen Stimulus sehr hoch ist, wird Stillstand zu Erstarren: dem Einfrieren. Das Pferd hebt seinen Kopf hoch, zeigt mimische Signale für starken Stress und spannt alle Muskeln im Körper an. Dies ist kein Calming Signal, sondern eine direkte physische Reaktion auf Gefahr. Während des Einfrierens werden keine weiteren Calming Signals oder Übersprungsverhalten gezeigt (siehe Kapitel 3).

Stillstand und verlangsamte Bewegungen als Calming Signal

Ich habe oft Stillstand und verlangsamte Bewegungen als Calming Signal in der Interaktion zwischen Pferden, zwischen Pferden und anderen Tieren oder zwischen Pferden und anderen Stimuli gesehen. Dies unterbricht die Interaktion, das Pferd steht auf einmal bewegungslos und zeigt dann sehr langsame Bewegungen.

Verlangsamte Bewegung als Calming Signal kann man z. B. sehen, wenn ein Pferd neugierig ist und sich einem Objekt annähern möchte, aber gleichzeitig doch etwas Unsicherheit besteht. Es bewegt sich dann sehr langsam und vorsichtig, stoppt von Zeit zu Zeit, steht kurz still und bewegt sich wieder langsam weiter. Bei solch einem Verhaltensmuster nimmt man oft auch andere Calming Signals wahr, wie das Bogenlaufen, Kopfwippen oder Hals- bzw. Kopfabwenden.

Stillstand und Verlangsamung kann man auch beobachten, wenn ein Pferd sich einem Individuum oder Objekt annähern möchte, das bereits von einem anderen Pferd abgegrenzt wird. Zur Vereinfachung nennen wir dieses Pferd „Beschützer". Indem das interessierte Pferd sich langsam dem bewussten Objekt annähert, z. B. dem Wassertrog oder einem anderen Pferd, dazwischen stoppt und stillsteht, versucht es, den Beschützer zu beschwichtigen und gleichzeitig sicherzustellen, dass seine Aktion gelingt. Ob es Erfolg hat oder nicht, hängt vom Objekt und dem Wert ab, den das Objekt für den Beschützer hat.

Wenn Pferde Stillstand und verlangsamte Bewegung als Calming Signal einsetzen, sind die Muskeln nicht mehr angespannt, als es für die Bewegung nötig ist – ganz anders beim Einfrieren, bei dem alle Muskeln stark angespannt sind. Dabei kann das Pferd alle möglichen Kopf- und Halspositionen sowie andere Calming Signals zeigen.

Zusammenfassung: Calming Signals

— Calming Signals werden eingesetzt, um ein entspanntes soziales Verhältnis herzustellen oder zu halten, um höflich zu sein und um Konflikte zu vermeiden.

— Calming Signals haben einen beruhigenden Effekt, sowohl auf das andere Pferd als auch auf denjenigen, der sie zeigt.

— Wenn die Calming Signals funktionieren, ermöglicht das dem Pferd, in einer bestimmten Situation zu verbleiben.

— Alle Calming Signals können einzeln gezeigt werden. Nachdem ein oder zwei gezeigt wurden, entspannt sich das Pferd meistens und geht zurück auf den mentalen Zustand, bevor es begann, die Signale zu zeigen.

— Es ist auch möglich, dass mehrere Calming Signals hintereinander oder gleichzeitig gegeben werden. Nachdem es ein paar Signale gezeigt hat, kann sich das Pferd wieder entspannen. Aber je mehr Calming Signals gezeigt werden und je schneller sie aufeinander folgen, desto stärker wird unter Umständen die Stressbelastung des Pferdes zunehmen.

— Calming Signals werden auch gezeigt, wenn ein Pferd sich von einem starken Schreck erholt. Die Calming Signals sind dann quasi der letzte Schritt in die Entspannung hinein.

2.22 ÜBERSPRUNGSVERHALTEN

Sie stehen an der Bushaltestelle und warten auf den Bus. Ein junger Mann kommt dazu und stellt sich neben Sie. Sie nicken ihm kurz zu und sagen: „Hallo". Er erwidert Ihre Begrüßung nicht, stellt sich vor Sie und blickt Ihnen in die Augen. Sie bewegen sich etwas weg von ihm und beginnen, sich den Busfahrplan anzuschauen, der am Pfosten hängt, obwohl Sie genau wissen, dass Ihr Bus in fünf Minuten fährt.

In der Ausgangssituation standen Sie entspannt an der Bushaltestelle. Die Ankunft des jungen Mannes war ein Stimulus, der Calming Signals ausgelöst hat: Nicken und Hallo sagen. Der junge Mann antwortete aber nicht mit einem Calming Signal (ein „Hallo" oder ein Wegschauen). Stattdessen blickte er Sie direkt an und hielt Augenkontakt. Vielleicht würden Sie am liebsten weggehen, also Fluchtverhalten zeigen („Flight"), aber dann würden Sie Ihren Bus verpassen. Vielleicht wollen Sie ihm auch sagen, dass er Sie nicht so anstarren soll („Fight"), um die Situation proaktiv zu verändern. Aber Sie machen keines von beidem, sondern versuchen sich zu entspannen, indem Sie ein ganz anderes Verhalten zeigen – ein Übersprungsverhalten, das den anderen nicht provozieren wird. Sie lesen den Busfahrplan, auch wenn Sie das vorher gar nicht tun wollten. Dies ist keine abgeschwächte Form von Fight-or-Flight, sondern gehört zu einer komplett anderen Verhaltenskategorie.

Der Sinn von Übersprungsverhalten liegt darin, sich zu entspannen, sich auf etwas anderes zu fokussieren, wenn man das Verhalten, das man wirklich zeigen möchte, nicht zeigen kann – weil man keine Konfrontation oder Eskalation riskieren möchte, oder weil es in dem Kontext nicht angebracht wäre. Übersprungsverhalten stellt keine gesteigerte Variante des Verhaltens dar, das man vorher gezeigt hat. Es sind völlig neue Verhaltensweisen, die helfen, sich auf sich selbst zu konzentrieren und den anderen nicht zu provozieren.

Hier einige Beispiele für Übersprungsverhalten bei Menschen: sich am Kopf kratzen, an den Kleidern zupfen, über den Tisch wischen. Als Übersprungsverhalten werden „normale" Verhaltensweisen gezeigt. Man kratzt sich auch am Kopf, wenn es einen juckt, oder man berührt seine Kleidung, nachdem ein Knopf aufgegangen ist. Diese einzelnen Verhaltensweisen können als Übersprungsverhalten identifiziert werden, wenn sie Teil einer Sequenz sind.

Ein Stimulus löst eine Reaktion beim Pferd aus. Es zeigt Calming Signals, erreicht aber nicht, dass sich die Situation verändert. Die Stressbelastung bleibt bestehen. Das Pferd zeigt dann Übersprungsverhalten, um sich zu entspannen. Währenddessen konzentriert es sich auf diese Aktivität und schenkt der Umgebung keine Aufmerksamkeit mehr.

Ein Beispiel: Ein Pferd steht in einem kleinen Paddock. Einige Kinder gehen vorbei, beginnen sich über den Zaun zu lehnen und blicken das Pferd dabei frontal an. Das Pferd zeigt Calming Signals, wendet seinen Kopf ab und blinzelt. Es zeigt dieses mehrmals und beginnt dann, seinen Kopf intensiv am Vorderbein zu reiben (Übersprungsverhalten). Es kaut für einen Moment und geht dann weg.

Übersprungsverhalten kann auf zwei Arten gezeigt werden:

1. Das Übersprungsverhalten folgt auf die Calming Signals, wenn die mentale Anspannung weiter zunimmt. Das kann eine kleine Steigerung in der Intensität der Kommunikation sein, die dazu führt, dass beim Pferd die Stressbelastung steigt. Möglicherweise zeigt das Pferd Übersprungsverhalten und Calming Signals eine Zeit lang im Wechsel. Das ist der Fall, wenn ein Stimulus eine leichte Anspannung hervorruft, die sich aber weder verstärkt noch wieder abbaut.
2. Das Pferd hat eine hohe Stressbelastung, z. B. weil es sich erschreckt hat. Lässt die Anspannung nach, zeigt das Pferd Übersprungsverhalten und danach Calming Signals in die Entspannung hinein (siehe Kapitel 3.20).

Übersprungsverhalten wird übersprungen

Wann sehen Sie in einer Verhaltenssequenz nach Calming Signals kein Übersprungsverhalten?

1. Wenn die Stressbelastung beim Pferd so schnell ansteigt, dass es nach Calming Signals sofort starke Stresssignale zeigt.
2. Wenn das Pferd Zwangsverhalten, also stereotype Verhaltensmuster wie z. B. Weben, zeigt. Ein Zwangsverhalten ist ein Verhalten, das ohne Pause häufig hintereinander gezeigt wird. Das Pferd wirkt wie davon absorbiert. Zwangsverhalten sieht nach außen wie ein nutzloses Verhalten aus, aber es ist in diesem Moment eine Bewältigungsstrategie[6].

2.23 KOMMUNIKATIONSLEITER: ÜBERSPRUNGSVERHALTEN

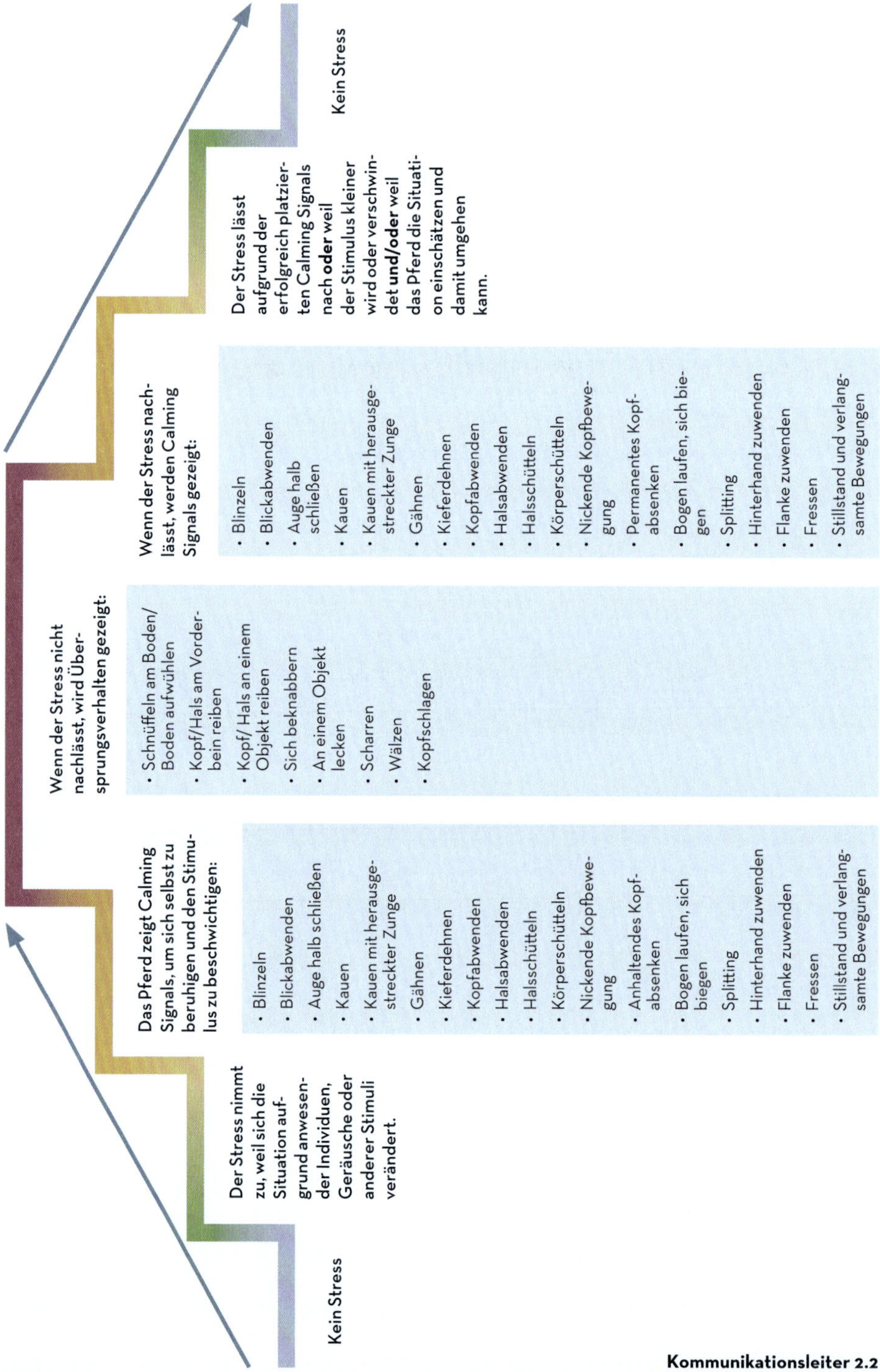

3. Wenn der Stimulus weniger intensiv wird oder ganz verschwindet, haben die Calming Signals dem Pferd geholfen, die leichte Stressbelastung zu reduzieren. Dann wird kein Übersprungsverhalten gezeigt. Diese Situation wurde im vorherigen Kapitel erläutert.

2.24 KÖRPERHALTUNG UND MIMIK

Übersprungsverhalten kann auf Calming Signals folgen oder sich mit ihnen abwechseln. Es kann aus jeder möglichen Kopf-Hals-Position heraus gezeigt werden und das Pferd kann anschließend in jede Position zurückkehren. Während des Übersprungverhaltens ist das Pferdemaul üblicherweise aktiv, z. B. durch Lecken, sich beknabbern oder am Boden schnüffeln. Es ist ein wichtiger Bestandteil des jeweiligen Verhaltens.

Während des Übersprungverhaltens kann das Pferd ein leicht, mittelgradig oder sehr angespanntes Gesicht zeigen, abhängig von der jeweiligen Stressbelastung. Die Mimik von Pferden bei einer starken Stressbelastung wird in Kapitel 3 besprochen.

Alle als Übersprungsverhalten gezeigten Elemente haben grundsätzlich eine biologische Funktion. Das Pferd kann am Boden schnüffeln, um Geruch aufzunehmen. Es kann an sich knabbern, weil es gerade juckt. Es kann an etwas lecken, um den Geschmack zu erkunden. Es liegt am Beobachter, zu unterscheiden, ob das Pferd das Verhalten im ursprünglichen biologischen Zusammenhang zeigt oder ob es Teil einer Kommunikationssequenz ist.

Unterschiede: Calming Signal und Übersprungsverhalten

Während meiner Forschungen habe ich eine Reihe von körpersprachlichen Signalen gesehen, die in einer einzigen langen Sequenz ohne Unterbrechung gezeigt wurden. Beispielsweise kann ein Pferd in einer scheinbar zwanglosen Serie hintereinander blinzeln, mit oder ohne herausgestreckte Zunge kauen, gähnen und Kieferdehnen zeigen. In solchen Fällen hatte ich nicht den Eindruck, dass das Übersprungsverhalten wirklich teil eines anderen Verhaltenssystems war.

Die Verhaltensweisen, die ich nun besprechen werde, stellen aus meiner Sicht Übersprungsverhalten dar. Sie haben eine andere Qualität als die

2.114

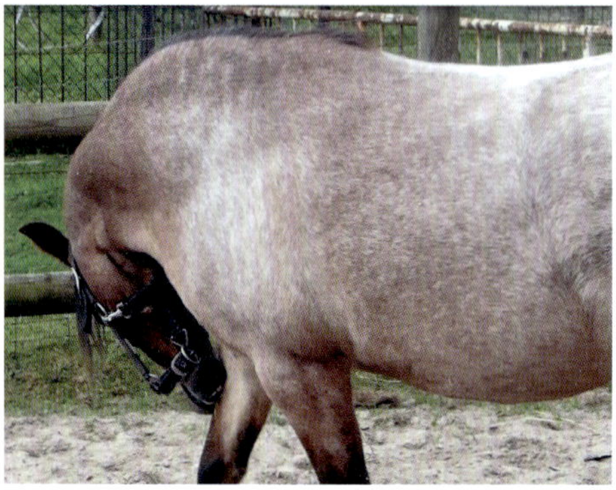

2.115

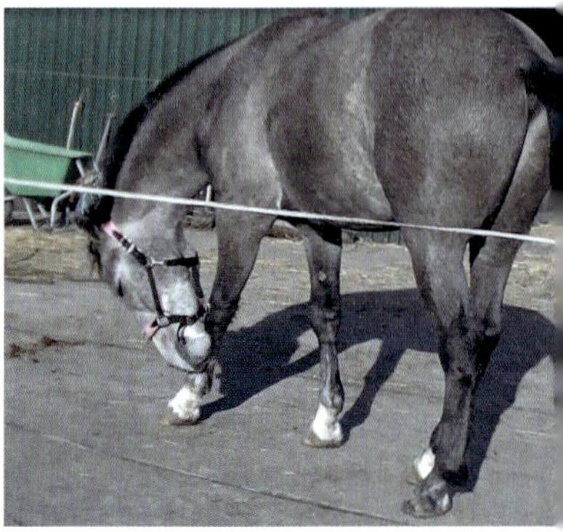

2.116

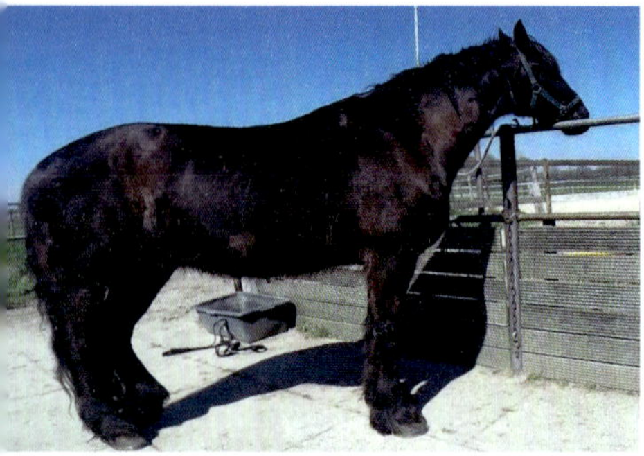

2.117

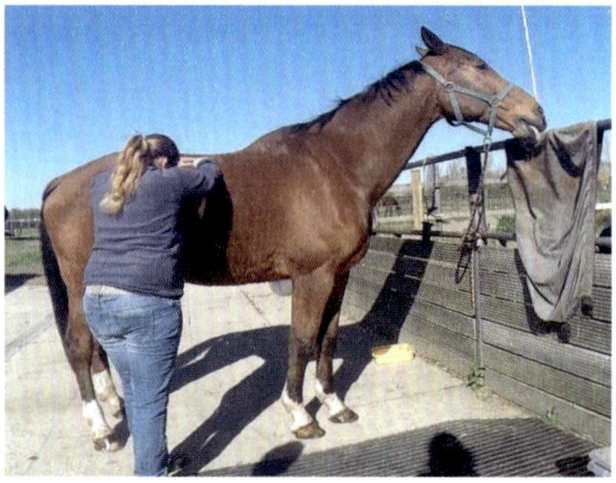

2.118

2.119

Übersprungsverhalten

2.114 Am Boden schnüffeln oder ihn aufwühlen, ohne zu fressen
2.115 Sich beknabbern
2.116 Den Kopf am eigenen Bein reiben
2.117 Kopf oder Hals an einem Objekt reiben
2.118 Ein Objekt belecken
2.119 Mit einem Vorderbein scharren

Verhaltensweisen, die zuvor besprochen wurden, sind intensivere motorische Aktivitäten. Ich denke, dass ein Pferd mit diesen Verhaltensweisen versucht, sich für eine gewisse Zeit von der näheren Umgebung abzukoppeln und sich nur auf dieses Verhalten konzentriert. Meine Kategorisierung von Übersprungsverhalten unterscheidet sich dementsprechend von den Kategorien von Wissenschaftlern. Wissenschaftler bezeichnen z. B. Gähnen, Kieferdehnen, Halsschütteln und Körperschütteln als Übersprungsverhalten. Ich ordne sie als Calming Signals ein.

Im Folgenden erläutere ich die Verhaltenselemente, die meinem Kriterium, sie mindestens 35-mal gesehen zu haben, entsprechen und die ich deshalb als Übersprungsverhalten einordne.

2.25 WÄLZEN

Wenn Wälzen nicht als Übersprungsverhalten gezeigt wird, nehmen sich Pferde dafür viel Zeit. Sie senken den Kopf und schnüffeln oft intensiv am Boden, um den besten Platz zu finden. Dabei bewegen sie sich in kleinen Kreisen. Sie scharren mit dem Huf, knicken langsam die Vorderbeine ein, legen sich auf eine Seite und bewegen sich leicht hin und her. Manchmal reiben sie auch Kopf und Hals über den Boden, bevor sie dann mehrmals auf die andere Seite rollen und auch dort Kopf und Hals reiben. Manche Pferde wälzen sich auch direkt über den Rücken von einer Seite auf die andere. Nach dem Wälzen steht das Pferd auf, schüttelt seinen gesamten Körper und geht ruhig weg.

Wälzen als Übersprungsverhalten ist durch eine gewisse Hektik charakterisiert (Bilder 2.120 bis 2.124). Das Pferd fühlt sich zumindest leicht gestresst und deshalb bewegt es sich schneller an den Ort, wo es sich wälzen möchte. Es ist auch möglich, dass das Pferd zu diesem Ort trabt. Üblicherweise zeigt es kein intensives Suchen für den besten Platz. Das Pferd senkt den Kopf, knickt sofort ein und beginnt mit dem Wälzen. Es wälzt sich einmal auf jeder Seite, eventuell kippt es über den Rücken auf die andere Seite hinüber, und steht wieder auf. Es trabt oder galoppiert weg und schlägt mit dem Kopf, oder es steht still und hält den Kopf sehr hoch. Das Scharren mit dem Huf kann auch übersprungen werden, oder das Pferd scharrt nur ein- oder zweimal statt wie üblich drei- oder viermal.

Im Vergleich mit dem Wälzen als Körperpflegeverhalten ist das Wälzen als Übersprungsverhalten deutlich kürzer. Es beinhaltet auch weniger Bewegung. Bei einem Wälzen zur Körperpflege zeigt das Pferd danach ein komplettes Körperschütteln. Dies sieht man nach dem Wälzen als Übersprungsverhalten seltener, manchmal schüttelt das Pferd nur den Hals. Im Anschluss daran zeigt es eine stärkere motorische Aktivität, es trabt oder galoppiert weg oder buckelt sogar.

Ist das Pferd stärker angespannt, wird es insgesamt mehr Calming Signals und Übersprungsverhalten zeigen.

2.120 – 2.124
Diese Fotos zeigen Wälzen als Übersprungsverhalten. Das Pferd zeigte in 26 Sekunden zwei vollständige Wälzzyklen. Auf das erste Wälzen folgte sofort ein zweites Wälzen. Sie sehen den Beginn davon im letzten Foto.

2.120

2.121

2.122

2.123

2.124

2.26 KOPFSCHWINGEN

Kopfschwingen bedeutet, dass das Pferd eine schaukelnde und gleichzeitig rotierende Bewegung mit dem Kopf zeigt. Bei dieser Bewegung kann der Kopf des Pferdes manchmal komplett horizontal stehen. Der Hals bewegt sich parallel zur Kopfbewegung. In meinen Untersuchungen habe ich Kopfschwingen im Stehen gesehen, im Schritt, Trab oder Galopp. Danach kann das Pferd in einer beliebigen Gangart weitergehen. Während des Kopfschwingens wird der Schweif höher getragen und hin und her geschlagen (Bild 2.125, 2.126).

Das Kopfschwingen steht an diversen Stellen in der Kommunikationsleiter. Das kommt daher, weil es in unterschiedlichen Intensitäten gezeigt werden kann. Bei leichter Stressbelastung (und damit aufgrund einer niedrigen Motivation) ist es nicht sehr kraftvoll und besteht oft nur aus einem leichten seitlichen Schwingen des Kopfes. Schlägt das Pferd aber aufgrund einer höheren oder sehr hohen Stressbelastung mit dem Kopf (und damit aus einer starken Motivation heraus), ist die Bewegung sehr kraftvoll und deutlich.

Ich habe das Kopfschwingen in diesen Kontexten beobachtet:

— Als Übersprungsverhalten, nachdem das Pferd eine Anzahl von Calming Signals gesendet hat. Dabei ist die Stressbelastung des Pferdes gleichgeblieben und es konnte im Endeffekt nicht das Verhalten zeigen, das es eigentlich zeigen wollte. In solch einer Situation ist Kopfschwingen ein Übersprungsverhalten, das dem Pferd erlaubt, die Stressbelastung zu reduzieren. Im Anschluss daran und nachdem es vielleicht noch andere, weniger auffällige Übersprungsverhalten gab (Scharren, Reiben des Kopfes am Vorderbein oder sich beknabbern), hat die Anspannung nachgelassen und das Pferd konnte wieder Calming Signals zeigen oder war sofort in einem entspannten Ruhezustand.

— Wenn das Pferd dauerhaft unter einer stärkeren Stressbelastung steht: Dann wird es ein kraftvolleres Kopfschwingen zeigen, eventuell im Zusammenhang mit anderen Verhaltensweisen, die auch mehr Motorik beinhalten (wie wälzen, buckeln oder wegtraben). Dient das Kopfschwingen zur Stressreduzierung, wird sich das Pferd dabei nur auf sich selbst fokussieren und nicht mit anderen kommunizieren.

2.125

2.126

2.125 – 2.126
Kopfschwingen

— Als Signal, dass das Pferd jemand anderes vertreiben möchte: Das kann ein Pferd sein, Mensch, Hund oder auch Objekte. Das Kopfschwingen kann intensiver oder schwächer sein, abhängig vom jeweiligen Motivationszustand. Bei geringerer Stressbelastung und Motivation wird das Pferd dabei meistens stillstehen oder sich im Schritt bewegen. Bei stärkerer Stressbelastung und Motivation wird es traben oder galoppieren. Direkt davor und/oder danach fokussiert sich das Pferd intensiv auf das Individuum oder Objekt, das es verjagen will.
— Als Teil einer Spielsequenz.
— Aufgrund von Schmerzen. Das Pferd hat eventuell Schmerzen im Maul, z. B. Zahnschmerzen oder weil der Reiter hart am Zügel gezogen hat.

2.27 ÜBERSPRUNGSVERHALTEN BEI EINSCHRÄNKUNGEN

Je eingeschränkter das Pferd in seinen Bewegungsmöglichkeiten ist, desto mehr zeigt es Übersprungsverhalten.

Das Pferd ist zum Putzen oder Satteln angebunden, muss im Stall warten oder auf dem Hänger oder ist vielleicht während eines Turniers vorübergehend in einer Box untergebracht. Aus menschlicher Perspektive ist diese Einschränkung der Bewegungsfreiheit nachvollziehbar: Das Pferd ist sicher und der Mensch hat seine Hände frei für andere Dinge. Aber man sollte sich schon Gedanken darüber machen, ob es tatsächlich in der Lage ist, mit dieser Situation umzugehen – z. B. alleine in einer Box oder einem Hänger zu sein, ohne andere Pferde in der Nähe, oder an einem Ort zu sein, der mit unbekannten Geräuschen, Gerüchen und Objekten aufwartet. Ich habe viele Pferde gesehen, die in solchen Situationen Calming Signals und Übersprungsverhalten gezeigt haben. Einige Pferde waren so stark stressbelastet, dass sie deutliche Stresssignale und Signale zur Distanzvergrößerung zeigten.

Pferde, die in einer Box standen und hinauswollten, es aber nicht konnten, zeigten Übersprungsverhalten wie Scharren, Lecken an Objekten (Wände, Türen ...), rieben ihren Kopf am Vorderbein oder einem festen Objekt oder alles zusammen. Ähnlich war das Verhalten von Pferden, die angebunden waren und nicht stillstehen wollten. Bei manchen Pferden, deren Bewegungsfreiheit eingeschränkt war, erkannte ich stereotype Verhaltensmuster, die direkt auf Calming Signals oder Übersprungsverhalten folgten. Teilweise sah ich auch, dass das angebundene Pferd dezente Fight-or-Flight-Signale zeigte.

Die Besitzer reagierten unterschiedlich auf diese Verhaltensweisen. Manche haben sie gar nicht wahrgenommen, andere haben das Pferd gestreichelt oder beruhigend auf es eingeredet.

Die Pferde, bei denen ich stereotype Verhaltensmuster bemerkt habe, wurden nicht von ihren Besitzern bestraft oder davon abgehalten, das Verhalten zu zeigen. Wissenschaftliche Untersuchungen haben gezeigt, dass solch ein Verhalten eine Bewältigungsstrategie für das Pferd darstellt, damit es besser mit der Situation klarkommt. Das Pferd dafür zu bestrafen oder es davon abzuhalten, würde nur zu einer höheren Stressbelastung führen.

2.127

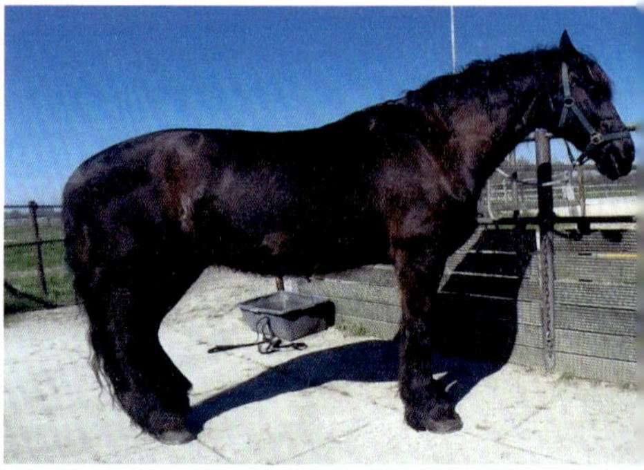

2.128

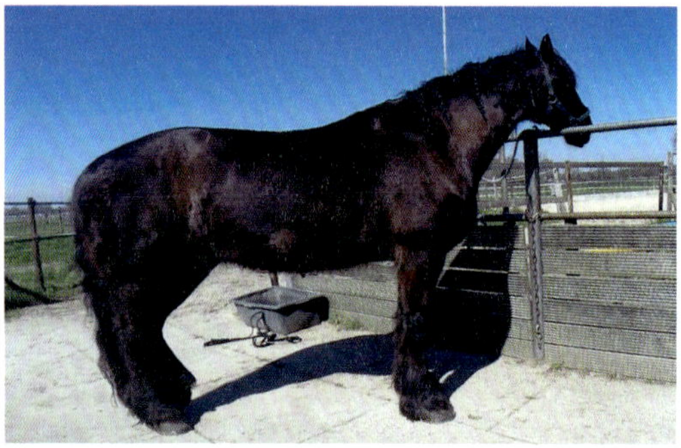

2.131

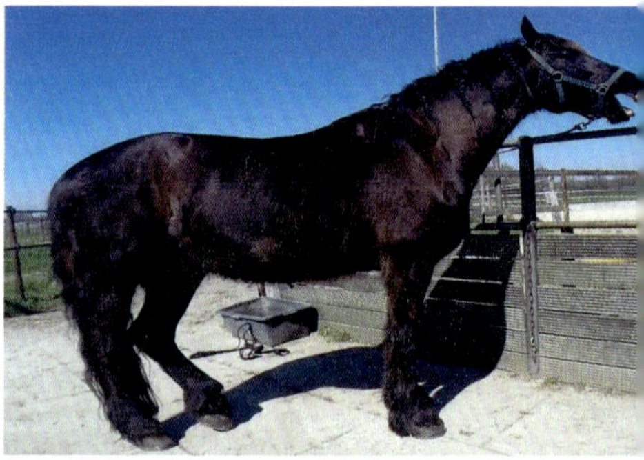

2.132

2.133

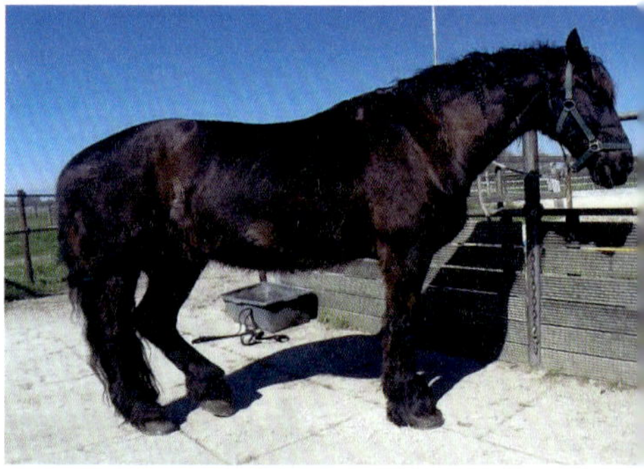

2.134

Beispiele für Calming Signals und Übersprungsverhalten

2.127 – 2.134 Die Fotoserie zeigt ein Pferd, das verschiedene Calming Signals und ein Übersprungsverhalten zeigt.
Itske ist angebunden und wartet auf den Sattler. Es soll ein Sattel gefunden werden, der ihm passt. Das Warten dauert länger und Itske zeigt verschiedene Calming Signals. Auf den Fotos sieht man, wie er kaut, Kieferdehnen zeigt, gähnt, sein Kinn an einem Objekt reibt (Übersprungverhalten). Itske gähnt mehrmals hintereinander (fünfmal in dem gesamten Video), kaut mit herausgestreckter Zunge, zum Schluss wartet er wieder geduldig. Was man in den Fotos nicht sieht, aber im Video: Itske gähnt zwischen den Fotos und nickt mit dem Kopf. Das jeweilige Zeitintervall zwischen den Fotos ist 90 Sekunden.

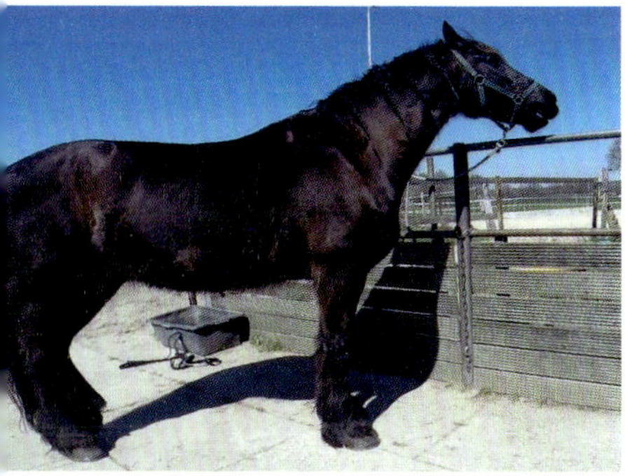

2.129

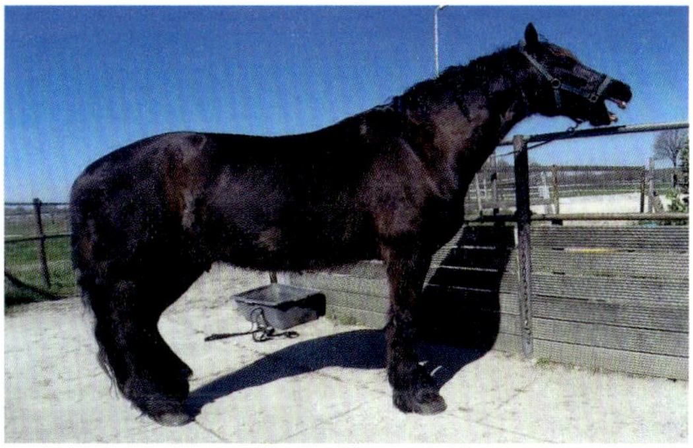

2.130

Zusammenfassung: Übersprungsverhalten

- Übersprungsverhalten dient dem Pferd zum Stressabbau. Während es Übersprungsverhalten zeigt, entzieht es sich der Situation und der Kommunikation mit anderen.
- Übersprungsverhalten wird innerhalb einer Kommunikationssequenz gezeigt, davor zeigt das Pferd gleichzeitig oder nacheinander mehrere Calming Signals.
- Übersprungsverhalten kann zu zwei Ergebnissen führen:

1. Die Stressbelastung lässt nach und Calming Signals werden gezeigt, wonach die Stressbelastung weiter nachlässt.
2. Die Stressbelastung steigt an und das Pferd zeigt deutlichere Stresssignale, unter Umständen auch Distanz vergrößernde Signale in unterschiedlicher Ausprägung.

- Wenn die Stressbelastung steigt, gehen Calming Signals in Übersprungsverhalten über. Steigt sie sehr plötzlich, kann das Pferd das Übersprungsverhalten auch auslassen und direkt stärkere Stresssignale zeigen.
- Als Bewältigungsstrategie kann das Pferd nach Calming Signals auch stereotype Verhaltensmuster anstelle von Übersprungsverhalten zeigen.
- Calming Signals und Übersprungsverhalten ermöglichen es dem Pferd, eine anstrengende Situation zu bewältigen. Wenn das Pferd bereits stärkere Stresssignale zeigt, macht es sich bereit, proaktiv auf die Situation zu reagieren bzw. sie zu verlassen (Fight-or-Flight).

KAPITEL 3

STRESS TROTZ CALMING SIGNALS

Ein Besen fällt um, ein Hund bellt, ein Paddock, den das Pferd nicht mag. Die Angst, die ein Pferd fühlt, wenn es seinen Stallkumpanen verlassen muss. Schmerz durch einen Schlag mit der Peitsche, ein zu herausforderndes Trainingsprogramm, zu viel Wärme oder Kälte. Stressoren kommen in allen Formen und Größen in das Leben eines Pferdes. Ich unterscheide zwei Arten von Stressbelastung:

1. **Akuter Stress:** Das Pferd erfährt einen kurzen Moment von Stress, von dem es sich erholt. Abhängig von der Intensität des Schrecks, der Stressbelastung oder der Schmerzen und von den eigenen Bewältigungsfähigkeiten des Pferdes kann diese Erholung schneller oder langsamer eintreten. Es gibt einen Moment von akutem Stress, dem eine Erholungsphase innerhalb einer bestimmten Zeiteinheit folgt.
2. **Chronischer Stress:** Das Pferd ist Stressoren für längere Zeit ausgesetzt und kann sich nicht erholen. Dies ist oft der Fall, wenn Umweltfaktoren kontinuierliche Stressfaktoren darstellen oder wenn sich Momente von akutem Stress aufsummieren und das Pferd dazwischen seine physische und psychische Balance nicht finden kann. Das kann z. B. sein, wenn ein Pferd mehrere Tage auf einem Turnier verbringt, für das es noch nicht ausreichend trainiert ist, oder wenn es in einen neuen Stall kommt und Tage, Wochen oder sogar Monate braucht, um sich an sein neues Zuhause zu gewöhnen.

Beide Stressvorgänge beginnen auf dieselbe Weise: Der Körper wird auf Aktivität vorbereitet. In der Amygdala (dem Angst generierenden Bereich des Gehirnes), der Hypophyse (der Hirnanhangsdrüse, hier werden Hormone gebildet) und dem Hypothalamus (der Teil im Zwischenhirn, der das vegetative Nervensystem steuert)) finden Abläufe statt, die zu einer Ausschüttung von Katecholaminen aus dem Nebennierenmark führen. Zu den Katecholaminen zählen Adrenalin und Noradrenalin. Diese Hormone führen dazu, dass der Blutzuckerspiegel ansteigt, sie erhöhen den Blutdruck und die Herzfrequenz. Das Blut wird schneller durch den Körper gepumpt, damit die Muskeln besser mit Nährstoffen und Sauerstoff versorgt werden. Die Reflexe des Pferdes werden schneller, es bewegt sich intensiver und zeigt eine gesteigerte Atemfrequenz. Der Körper bereitet sich auf den Umgang mit Verletzungen vor und das Immunsystem wird geboostert.
Kurz nachdem der Hypothalamus die Nebennieren angewiesen hat, Katecholamine auszuschütten, erhalten sie ein anderes Signal, um nun Glucocorticoide auszustoßen. Dazu gehört auch das Hormon Cortisol. Glucocorticoide beeinflussen u.a. die Katecholamine so, dass einer Erschöpfung des Körpers vorgebeugt wird. Auf diese Weise werden Hormon- und Glucosespiegel wieder reguliert und der Körper kann sich erholen. Es wird aber noch genug Energie freigesetzt, damit er unter Stressbelastung funktionieren kann.

Nehmen wir z. B. ein Zebra, das von einem Löwen angegriffen wird. Die Amygdala erkennt die lebensbedrohliche Situation und generiert Angst. Adrenalin und Noradrenalin werden ausgeschüttet. Dies ist der Booster: Das Zebra rennt um sein Leben. Wenn das Zebra nicht innerhalb der ersten Sekunden oder Minuten vom Löwen gefressen wird, beginnt die Cortisolausschüttung. Dadurch kann das Zebra für eine längere Zeit weiter flüchten. Cortisol sagt dem Körper: „Nicht schlafen, nicht fressen!“ Wenn das Zebra überlebt, erholt sich der Körper im Anschluss an die Flucht.

Das ist ein sehr nützliches System. Problematisch wird es, wenn ein Pferd in einer Situation ist, in der es so viel akuten Stress erfährt, dass keine Gegenregulation und Erholung stattfinden kann und es zu einer konstanten Ausschüttung von Katecholaminen und Glucocorticoiden kommt. Auf Dauer führt das zu Gesundheitsproblemen:

— Das physische und psychische Gleichgewicht ist gestört, das Wohlbefinden lässt nach.[1]

— Es kommt zu mehr Problemen zwischen Pferd und Trainer/Reiter.
— Der Hippocampus im Gehirn arbeitet reduziert: Die Zellaktivität lässt nach, Synapsen werden zurückgebildet und weniger Informationen verarbeitet. Das führt langfristig zu einer Verringerung der kognitiven Fähigkeiten, der Lernfähigkeit, der Problemlösungsfähigkeit und zu einer reduzierten Gedächtnisbildung[2-4].
— Die Toleranzgrenze, ab der das Pferd ängstlich reagiert, sinkt. Das Pferd erschrickt schneller und häufiger, auch vor Stimuli, die es vorher nie erschreckt haben[2,5].
— Das Risiko für stereotype Verhaltensweisen steigt[6].
— Es besteht ein erhöhtes Verletzungsrisiko, u.a. auch durch Selbstbeschädigung und eine erhöhte Aggressionsbereitschaft[7].
— Es besteht ein erhöhtes Risiko für Depression und Lethargie[3,8], weil die Nebennieren auf Dauer erschöpft werden.
— Die Fortpflanzungsfähigkeit sinkt[9].
— Magengeschwüre und Magenprobleme treten gehäuft auf.
— Das Immunsystem wird geschwächt, die Gesundheit verschlechtert sich generell[2,9].

Neue Stimuli für die Nervenzelle

Bedenken Sie all diese Nachteile, erkennen Sie, dass es sehr wichtig ist, zu entscheiden, ob ein bestimmtes Trainingsprogramm für das Pferd geeignet ist, ob das Pferd verstehen kann, was passiert, ob es mit einer Situation umgehen kann. Balance ist das magische Wort. Jedes Säugetier, inklusive Mensch, Pferd, und Hund, braucht Stimuli, damit im Gehirn neue Nervenzellen und Synapsen entstehen (Neurogenese). Dadurch bleibt das Lebewesen mental fit. Indem ein Pferd zu ihm passende physische Übungen ausführt, werden die Sinne stimuliert – und indem die Sinne stimuliert werden, lernt es, mit psychischen Herausforderungen umzugehen. Diese Stimulation hilft, Wohlbefinden sicherzustellen und verhindert, dass das Pferd in Langeweile und Depression abgleitet. Deshalb braucht ein Pferd regelmäßig Kontakt mit neuen Reizen, es sollte aber nicht überstimuliert werden. Sie möchten, dass Ihr Pferd aufmerksam ist, interessiert und motiviert, aber Sie möchten nicht, dass die Stressbelastung einen Punkt erreicht, an dem das Pferd damit nicht mehr umgehen kann. Tipps, wie man dies erreichen kann, finden Sie in Kapitel 5.3.

3.1 STRESS BEI STEIGENDER REIZINTENSITÄT

Ein Pferd ist auf der Koppel. Plötzlich ertönt das Geräusch einer Bohrmaschine. Das Pferd zeigt Calming Signals und Übersprungsverhalten.

Die Situation kann sich folgendermaßen weiterentwickeln:

1. Die Calming Signals und das Übersprungsverhalten beruhigen das Pferd. Es zeigt noch einige Calming Signals und ist danach entspannt (siehe Kommunikationsleiter 2.2).
2. Die Calming Signals und das Übersprungsverhalten haben dem Pferd nicht geholfen. Die Situation bleibt gleich, die Stressbelastung des Pferdes steigt. Zusätzlich zu Calming Signals und Übersprungsverhalten wird das Pferd jetzt stärkere Stresssignale zeigen.

In der Kommunikationsleiter 3.1 ist beschrieben, dass sich die Stressbelastung des Pferdes reduziert, wenn die Intensität des Stimulus nachlässt oder er verschwindet oder sich das Pferd vom Stimulus entfernen kann. Möglich ist auch, dass das Pferd über eine bestimmte Dauer der Exposition gelernt hat, mit dem Stimulus umzugehen.

Vosje ist angebunden und hat vor sich einen Haufen Heu. Der Schmied ist da, hat ein Vorderbein bearbeitet und bewegt sich jetzt zu einem Hinterbein. Vosje wird etwas unruhig. Er hört auf zu fressen und hebt seinen Kopf an. Seine Nüstern verändern sich von lang und entspannt zu rund, auch seine Augen werden etwas runder. Der Schmied bearbeitet den Huf links hinten. Vosje äppelt, woraufhin der Schmied zur Seite tritt. Nun geht er wieder zu Vosje, um das linke Hinterbein weiter zu bearbeiten. Ich sage ihm, dass Vosje eine Pause braucht.

Dieses Szenario zeigt, dass steigende Stressbelastung nicht zwingend auch eine erhöhte physische Aktivität bedeutet. Angebundene Pferde, die stillstehen, weil sie gelernt haben, dass es für sie unmöglich ist, Flucht- oder Angriffsverhalten zu zeigen, können einen sehr starken Stresszustand entwickeln. Sie zeigen ihn nur auf eine wenig sichtbare Weise, Menschen erkennen nicht unbedingt, dass es ein Problem gibt. Dieses Pferd braucht aber Hilfe! Wenn Sie im Zweifel über den Zustand Ihres Pferdes sind, achten Sie auf seine Körpersprache und Mimik. Einen Überblick finden Sie in Kapitel 3.3.

3.2 KOMMUNIKATIONSLEITER: STRESSSIGNALE

Stress nimmt zu, weil sich die Situation verändert, z. B. durch eine Person, ein Tier, ein Geräusch oder einen anderen Umweltstimulus.

Das Pferd setzt Calming Signals ein, um sich zu entspannen und den Stimulus zu beschwichtigen:

- Blinzeln
- Blickabwenden
- Auge halb schließen
- Kauen
- Kauen mit herausgestreckter Zunge
- Gähnen
- Kieferdehnen
- Kopfabwenden
- Halsabwenden
- Halsschütteln
- Körperschütteln
- Nickende Kopfbewegung
- Anhaltendes Kopfabsenken
- Bogen laufen, sich biegen
- Splitting
- Hinterhand zuwenden
- Flanke zuwenden
- Fressen
- Stillstand und verlangsamte Bewegungen

Wenn der Stress nicht nachlässt, kann Übersprungsverhalten gezeigt werden:

- Schnuppern am Boden/Boden aufwühlen, ohne zu fressen
- Kopf/Hals am Vorderbein reiben
- Kopf/Hals an einem Objekt reiben
- Sich beknabbern
- An Objekten lecken
- Scharren
- Wälzen
- Kopfschwingen

Stört der Stimulus das Pferd weiterhin, können zusätzliche Stresssignale gezeigt werden:

- Mittlere bis hohe Kopf-Hals-Position
- Runde Augen, evtl. das Weiße sichtbar
- Zusammengepresste Lippen
- Leichtes bis deutliches Vorstrecken der Oberlippe
- Deutliche Anspannung in Oberlippe und Nase
- Kinn deutlich „tassenförmig“
- Runde Nüstern
- Lebhaftes Ohrenspiel
- Getragener oder eingeklemmter Schweif
- Häufiger Urin- oder Kotabsatz
- Angebundene Pferde/in Box: Hin- und Hergehen
- Reduzierte oder keine Wasser-/Futteraufnahme
- Hektische Bewegungen
- Kopfschaukeln
- Häufigere Schreckreaktionen

Stress lässt nach, das Pferd kann Übersprungsverhalten zeigen:

- Schnuppern am Boden/Boden aufwühlen, ohne zu fressen
- Kopf/Hals am Vorderbein reiben
- Kopf/Hals an einem Objekt reiben

Stress lässt weiter nach, das Pferd zeigt Calming Signals:

- Blinzeln
- Blickabwenden
- Auge halb schließen
- Kauen
- Kauen mit herausgestreckter Zunge
- Gähnen
- Kieferdehnen
- Kopfabwenden
- Halsabwenden
- Halsschütteln
- Körperschütteln
- Nickende Kopfbewegung
- Anhaltendes Kopfabsenken
- Bogen laufen, sich biegen
- Splitting
- Hinterhand zuwenden
- Flanke zuwenden
- Fressen
- Stillstand und verlangsamte Bewegungen

Stress lässt nach, weil die Calming Signals Wirkung zeigen **und/oder** der stressauslösende Stimulus verschwunden ist **und/oder** ein Mensch oder Tier sein Verhalten verändert hat **und/oder** das Pferd die Situation erkennt und damit umgehen kann.

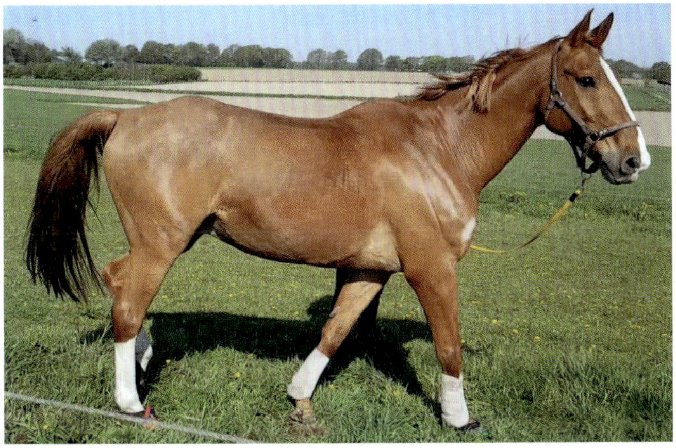

3.1

3.1 Dieses Pferd trägt Hals und Kopf mittelgradig hoch bis hoch. Es zeigt auch weitere Anzeichen für Stress.

3.3 KÖRPERHALTUNG UND MIMIK

Wenn die Stressbelastung beim Pferd zunimmt, kann man dies an einer Reihe von körpersprachlichen Signalen erkennen:

— Kopf und Hals werden zwischen mittelgradig hoch und hoch getragen (Bild 3.1).
— Das Pferd spannt seine Muskulatur stark an.
— Nüstern und Augen werden runder.
— Der Schweif wird leicht angehoben oder hoch getragen oder eingeklemmt.
— Bei starker Stressbelastung verändert die angespannte Gesichtsmuskulatur die Form von Maul und Nase.

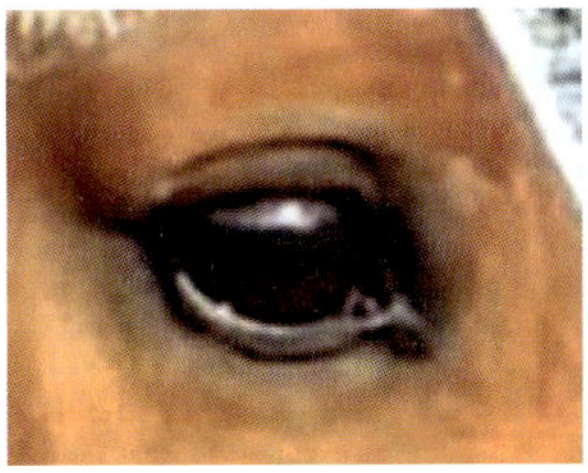

3.2 Entspannte mandelförmige Augen

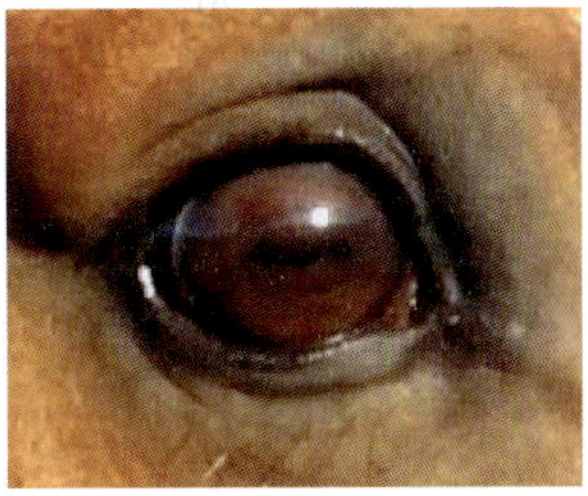

3.3 Das Auge wird runder…

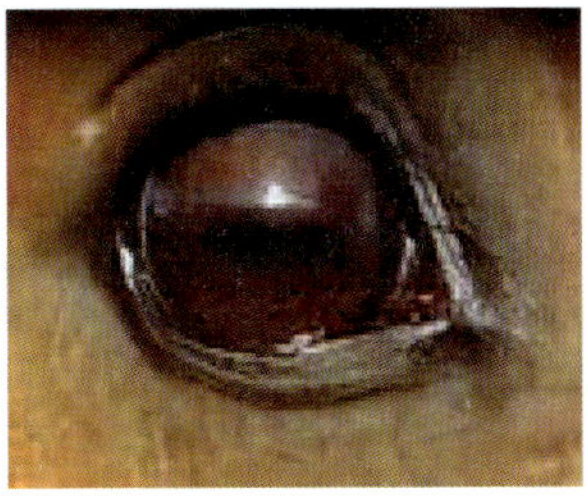

3.4 …und angespannt.

Augen

Bei Stress werden die Augen des Pferdes runder, manchmal sieht man das Weiß der Lederhaut, weil das Pferd seine Augen sehr weit aufreißt, um besser sehen zu können. Die Bilder 3.2 bis 3.4 zeigen die Augen desselben Pferdes.

Hinweis: Es gibt Pferde, bei denen immer etwas Weiß um die Iris herum zu sehen ist. Bei ihnen vergrößert sich der weiße Bereich.

3.5 Entspannte längliche Nüstern

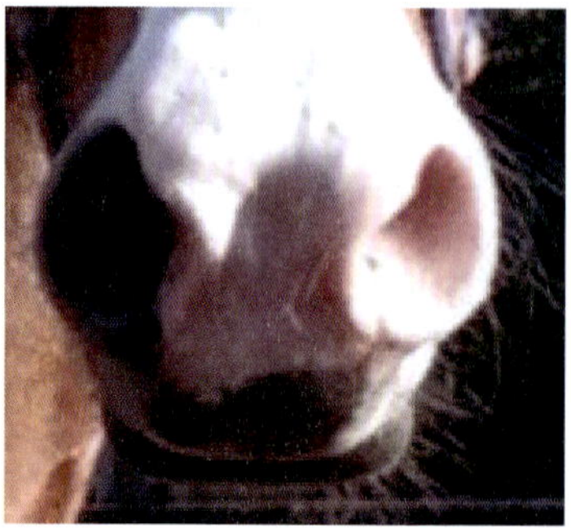

3.6 Angespannte runde Nüstern

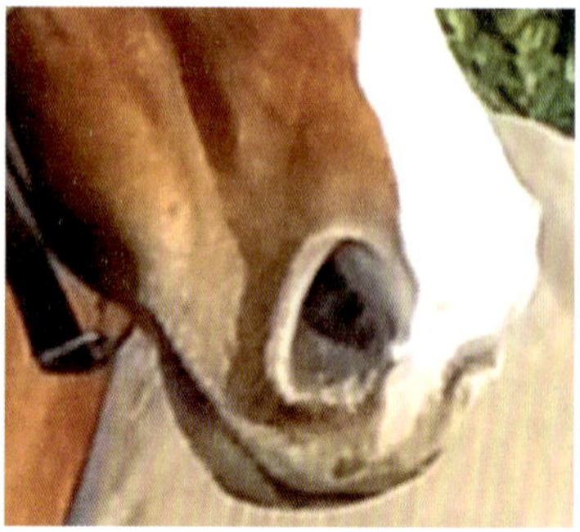

3.7 Runde Nüstern mit leicht erschlafftem Rand

Nüstern

Unter Stress werden die Nüstern des Pferdes runder. Die Nüstern können sich von rund zu lang und wieder zu rund verändern oder rund bleiben. Auf den Fotos sehen wir die Nase desselben Pferdes in zwei verschiedenen Situationen fotografiert (Bilder 3.5, 3.6).

Hinweis: Ein Pferd, das hart gearbeitet hat, sehr schnell galoppiert ist oder Nasenarbeit gemacht hat, kann ebenfalls runde Nüstern zeigen. Hier hat das Pferd allerdings einen größeren Bedarf an Sauerstoff und zeigt dabei keine weiteren Stresssignale (auch keine Calming Signals oder Übersprungsverhalten). Wenn ein Pferd für eine längere Zeit sehr schnell mit runden Nüstern gelaufen ist, beginnen die Ränder der Nüstern leicht zu erschlaffen (Bild 3.7).

Nase und Lippen

Das Maul ist ein guter Indikator für die Stressbelastung des Pferdes. Bei einem entspannten Maul hängt die Unterlippe locker herunter (Bild 3.8). Der Winkel der Unterlippe kann leicht gegen die Oberlippe geschoben sein, oder der Rand der Unterlippe ist sichtbar. Die Unterlippe kann leicht länger sein als die Oberlippe (das kommt auch oft bei alten Pferden vor).

Wenn die Stressbelastung leicht zunimmt, spannen sich die Lippen an. Ober- und Unterlippe sind dann gleich lang und können leicht zusammengepresst sein (Bild 3.9).

Steigt die Stressbelastung noch weiter, verändert sich die Form der Oberlippe, sie kann z. B. länger und gegenüber der Unterlippe vorgeschoben sein oder sehr massiv gegen die Schneidezähne gedrückt werden. Die Art und Weise, wie sich die Oberlippe verändert, hat Einfluss auf die Form der Nüstern.

Hinweis: Die Anspannung von Nase und Maul sowie eine vorgeschobene Oberlippe kann man auch sehen, bevor das Pferd sie als Werkzeug einsetzt (weil es z. B. etwas abbeißen oder etwas mit dem Maul aufnehmen möchte), wenn es droht, zu beißen oder wenn es Grooming bei sich selbst oder anderen startet. Für was das Maul genutzt werden soll, können wir manchmal an Falten erkennen, die sich zwischen den Nüstern und seitlich über der Oberlippe bilden. Wenn das Pferd sein Maul als Werkzeug einsetzt, kann es angespannt oder entspannt sein (Bilder 3.13, 3.14).

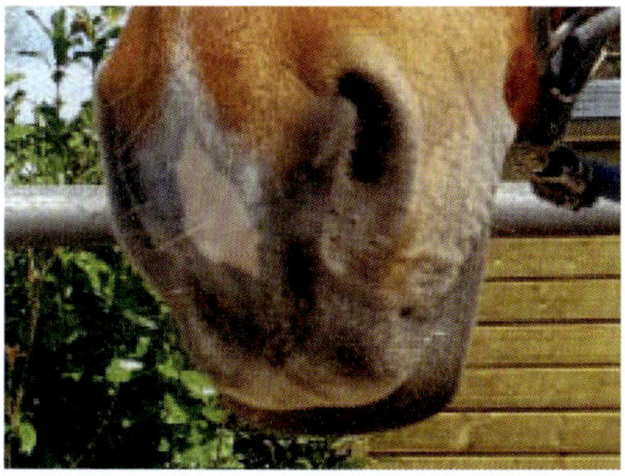

3.8

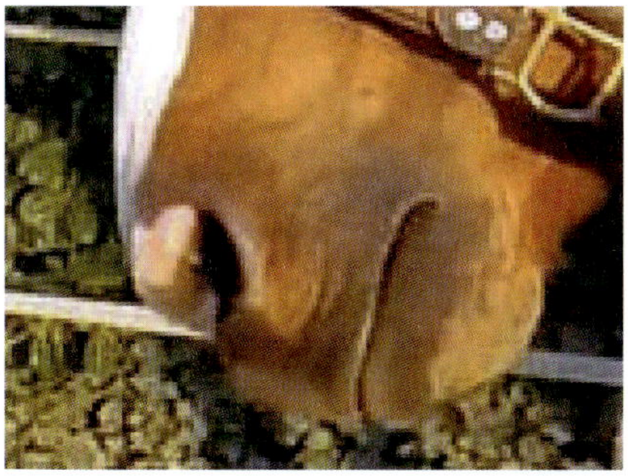

3.9

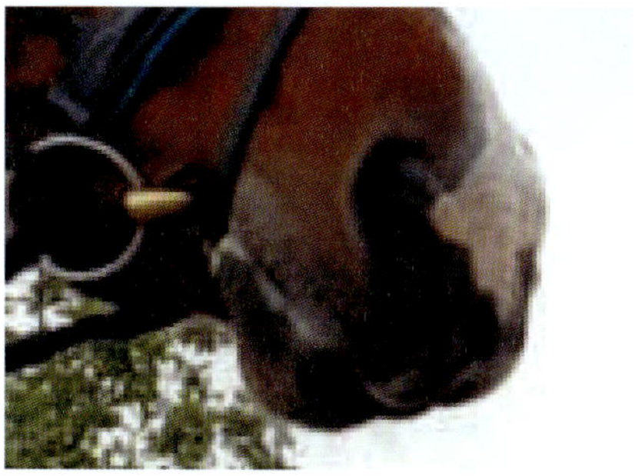

3.10

3.11

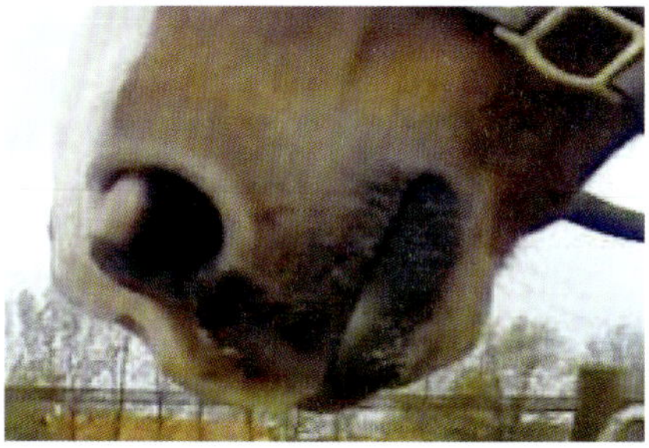

3.12

3.8 Ein entspanntes Maul
3.9 Ein angespanntes Maul mit zusammengepressten Lippen
3.10 Bei Stress verlängerte Oberlippe
3.11 Vorgeschobene Nase
3.12 Konkave Nase

3.13 Die Oberlippe ist vorgeschoben, um an den Zweig zu kommen.

3.14 Wenn Futter lockt, ist sie so als Werkzeug sehr nützlich.

3.15

3.16

Es gibt noch andere Zeichen für Anspannung im Gesicht. Die Backenzähne können so aufeinandergepresst werden, dass sie eine sichtbare Linie oder Verdickung bilden, die über den Maulwinkel hinaus nach oben geht. Die Maulwinkel selbst können nach oben gezogen sein, das Maul wirkt dann länger. Die Blutgefäße im Gesicht können mehr hervortreten. Die Kinngrube „verschwindet", weil sie in einer geraden Linie in das Kinn übergeht, das dadurch eine „Tassenform" bekommt.

Hinweis: Einige Pferde können auch bei Entspannung ein tassenförmiges Kinn haben. Nimmt die Stressbelastung zu, bekommt das Kinn eine noch auffälligere Kontur.

3.15 Ein entspanntes Kinn
3.16 Ein angespanntes, tassenförmiges Kinn

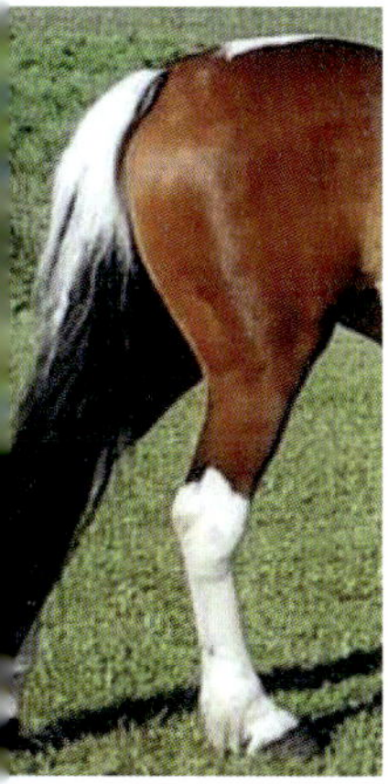

3.17

3.18

3.19

3.20

3.17 Entspannter Schweif
3.18 Leicht angehobene Schweifbasis
3.19 Mittelgradig angehobene Schweifbasis
3.20 Stark angehobene Schweifbasis
3.21 Eher entspannter Schweif
3.22 Eingeklemmter Schweif

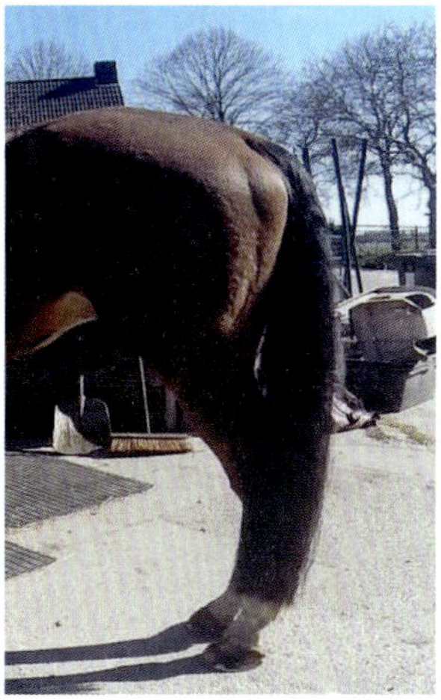

3.21

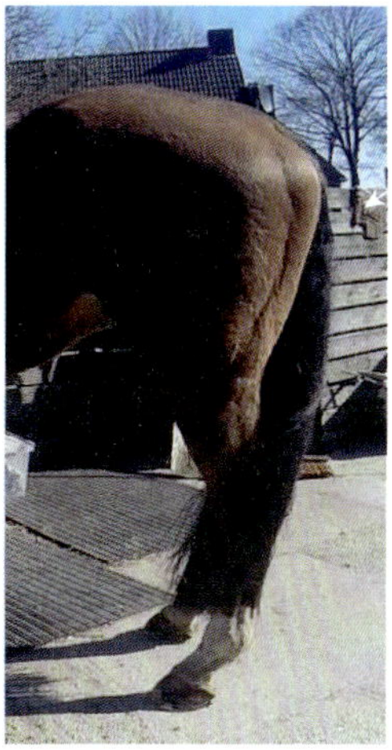

3.22

Schweifstellung

Wenn die Stressbelastung zunimmt, hebt sich die Schweifbasis, der Schweif wird leicht bis stark angehoben getragen (Bilder 3.18 bis 3.20) oder ist eng angeklemmt (Bilder 3.21, 3.22).

Hinweis: Man sieht auch eine leicht angehobene Schweifbasis, wenn das Pferd entspannt ist, aber seinen Körper in der Bewegung ausbalancieren muss oder das Pferd mit dem Schweif Fliegen verscheucht.

Das gesamte Pferd betrachten

Wenn Sie Ihr Pferd beobachten und Auffälligkeiten z. B. an den Nüstern, Augen oder Schweif sehen, sollten Sie sich auch die anderen körpersprachlichen und mimischen Elemente ansehen, um zu beurteilen, wie stark die Stressbelastung ist. Je mehr Elemente gleichzeitig auffallen, desto höher ist der Stresslevel Ihres Pferdes. Versuchen Sie dann herauszufinden, welcher Stimulus oder welche Stimuli dies verursacht haben. Tabelle 3.23 listet die entsprechenden Eigenschaften von Augen, Nase, Maul, und Schweif, denn diese sind sehr einfach wahrzunehmen.

Spannungszustände von Nase, Augen, Maul und Schweif

Zustand	Kopfposition	Nase, Augen, Maul	Schweif
Entspannt	Alle Positionen möglich	Nüstern lang, Augen mandelförmig, entspanntes Maul, ein Rand oder Winkel an der Unterlippe kann sichtbar sein	Hängt lose und entspannt
Leichte Stressbelastung	Alle Positionen möglich	Nase und/oder Augen rund und angespannt; Maul entspannt und leicht geschlossen	Hängt lose und entspannt oder leicht angehoben
Mittlere Stressbelastung	Mittelgradig hohe bis hohe Position	Nase und/oder Augen rund und angespannt; Maul angespannt	Leicht bis mittelgradig angehoben
Starke Stressbelastung	Hohe Position	Nase und Augen rund und angespannt, Maul zusammengepresst mit u. U. veränderter Form der Oberlippe oder Nase oder ein tassenförmiges Kinn	Leicht bis hoch angehoben

3.23 Auffälligkeiten an Nase, Augen, Maul und Schweif bei unterschiedlicher Stressbelastung

In den folgenden Bildern sehen wir Pferde, die in unterschiedlichen Situationen fotografiert wurden. Auf den Bildern 3.24-3.26 ist immer Orion zu sehen. Erkennen Sie, wie verschiedenen sein Gesichtsausdruck ist? Achten Sie auf Augen, Nüstern und Maul.
Auch auf den Bildern 3.27 bis 3.34 sehen Sie, wie unterschiedlich die Mimik ein- und desselben Pferdes sein kann.

3.24

3.24 Gertje reitet Orion und hält an, damit dieses Foto gemacht werden kann. Orion steht auf dem Reitplatz. Seine Nüstern sind rund, die Augen mandelförmig und entspannt. Sein Maul ist auch entspannt, die Lippen sind nicht zusammengepresst. Orion zeigt durch die runden Nüstern eine leichte Stressbelastung. Diese könnte aber auch das Ergebnis der körperlichen Arbeit sein.

3.25

3.25 Orion an einem anderen Tag auf dem Reitplatz. Er betrachtet mich, als ich über die Wiese herankomme und das Foto mache. Seine Augen und Nüstern sind rund, sein Maul ist nicht zusammengepresst. Er zeigt durch zwei von drei mimischen Elementen (Augen und Nüstern) eine mittelgradige Stressbelastung.

3.26

3.26 Orion wird bei einem Ausritt im Gelände fotografiert, während er still steht und lauscht. Er hat die höchstmögliche Kopf-Hals-Position. Seine Nüstern sind rund und bleiben rund, während er atmet. Seine Oberlippe ist etwas länger als die Unterlippe. Seine Augen sind rund und man sieht etwas Weiß um die Iris herum. In diesem Foto zeigt Orion eine starke Stressbelastung durch drei von drei mimischen Elementen (Augen, Nase, Maul).

Beispiele für Stressignale

3.27

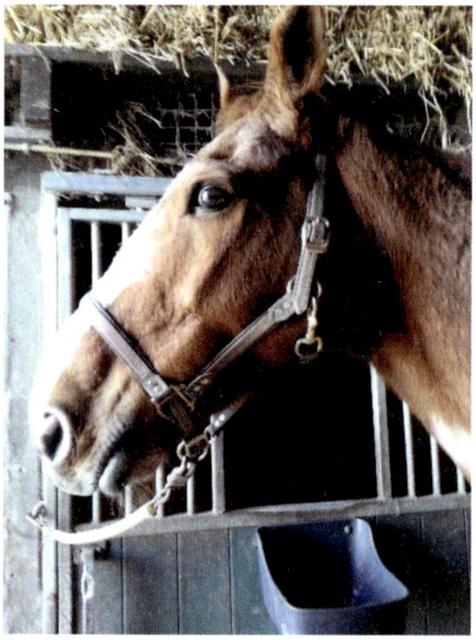

3.28

3.29

3.30

3.27 Leichte Stressbelastung: Vosje und ich sind zurück von einem Ausritt. Seine Nüstern sind rund aufgrund der körperlichen Arbeit. Seine Augen sind mandelförmig und entspannt, auch sein Maul ist entspannt.
3.28 Starke Stressbelastung: Vosje ist in der Stallgasse angebunden. Er hört das Geräusch eines Baggers, der von links herankommt. Sein linkes Ohr dreht sich in die Richtung des Geräuschs. Sein Auge ist rund, angespannt und stärker aufgerissen als normal. Man sieht etwas Weiß um die Iris herum. Seine Nüstern sind ebenfalls rund und seine Oberlippe ist leicht länger als die Unterlippe. In dem Bereich hinter dem Maulwinkel sieht man eine Verdickung, weil Vosje seine Kiefer zusammenpresst.
3.29 Ich führe Vosje draußen spazieren. Wir passieren einen Bus und Vosje reagiert mit starken Stresssignalen. Seine Augen sind rund, seine Nüstern sind aufgebläht und seine Oberlippe ist deutlich vorgeschoben.
3.30 Weil die Nüstern erweitert sind und die Oberlippe verlängert ist, gibt es ein Grübchen zwischen Nüstern und Oberlippe.

3.31

3.32

3.33

3.31 Ich gehe auf Indy zu und stelle mich neben ihre Schulter. Hier sieht man nur ein Teil meines Beins.
3.32 Indy dreht sich zu mir um, um herauszufinden, was sie jetzt machen kann.
3.33 Indy bewegt sich weg und zeigt dabei starke Anspannung in ihrer Oberlippe. Sowohl die Augen als auch die Nüstern sind rund. Die Oberlippe könnte auch vorgeschoben sein, weil sie wenige Sekunden später wieder mit dem Grasen beginnt. Sie ist ein Indikator für Stressbelastung, baldiges Abbeißen oder beides.
3.34 Beim Reiten zeigen Pferde eine vorgeschobene Oberlippe, wenn sie etwas tun oder tun sollen, was physisch oder kognitiv anstrengend ist.

3.34

3.4 GESTEIGERTER KOT- UND URINABSATZ

Kotabsatz hat unbestritten eine biologische Funktion: Unverdauliches Futter, Flüssigkeiten und andere Substanzen wie Bakterien oder tote Körperzellen werden ausgeschieden. Außerhalb einer Stressbelastung abgesetzter Kot hat die Form eines Maulwurfshügels. Er besteht aus kleineren runden Pferdeäpfeln, die im Haufen aufeinanderliegen. Ein Pferd, bei dem die Stressbelastung zunimmt, wird öfter Kot absetzen. Weil der Cortisolspiegel ansteigt und damit das Hormon Corticotropin im Blut, wird die Darmperistaltik angeregt: Der Darm kontrahiert sich häufiger und stärker, das führt zu einer schnelleren Darmpassage und damit zu häufigerem Äppeln[10].

Stärkere Stressbelastung führt auch dazu, dass häufiger Urin abgesetzt wird[11]. Dies sieht man vermutlich öfter bei Pferden, die nicht geritten werden und selbst entscheiden können, wann sie urinieren, ohne dass der Reiter einwirkt und es verhindern möchte.

Kot- und Urinabsatz aufgrund von Stressbelastung werden dann gezeigt, wenn der Stress tatsächlich vorhanden ist. Die Kopf-Hals-Position ist mittelgradig hoch bis hoch, das Pferd zeigt mimische Signale der Stressbelastung und der Schweif wird leicht erhöht getragen. Wenn die Stressbelastung langsam ansteigt, zeigt das Pferd Calming Signals und Übersprungsverhalten, ehe

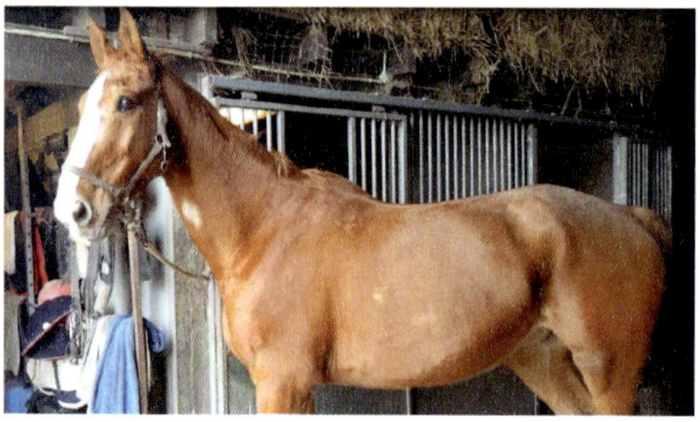

3.35

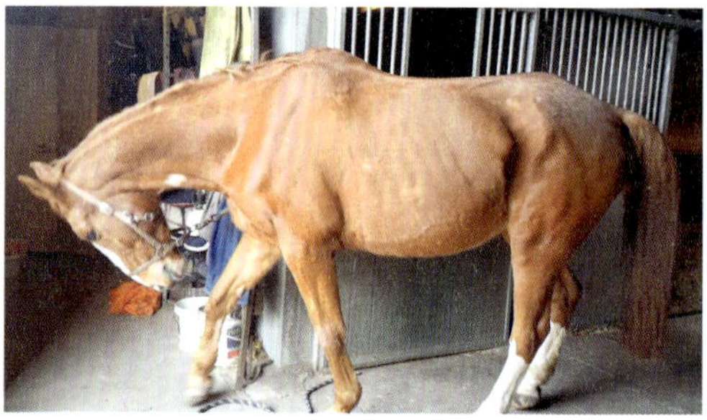

3.36

3.35 Vosje ist angebunden und hört ein unbekanntes Geräusch. Er fühlt sich gestresst, was man deutlich an seiner Mimik sehen kann. Augen und Nüstern sind rund, die Schweifbasis ist leicht angehoben und seine Ohren zeigen in Richtung des Geräuschs. Er blinzelt ein paar Mal als Calming Signal (auf dem Foto nicht zu sehen).
3.36 Vosje scharrt. Mit diesem Übersprungsverhalten deutet er auch an, dass er die Situation verlassen möchte – am liebsten in die Richtung, die er mit dem Scharren und seiner Körperposition anzeigt.

3.37 Als Calming Signal zeigt Vosje Kauen mit herausgestreckter Zunge.
3.38 Vosje hat sich am Strick in die andere Richtung gedreht und richtet die Hinterhand kurz gegen das Geräusch, bevor er sich wieder in seine ursprüngliche Position dreht. Das Hinterhand zuwenden kann in diesem Fall ein Signal für Angst sein, ein Calming Signal oder eine Kombination aus beidem. Er kaut als Calming Signal und der Schweif ist leicht angehoben.
3.39 Vosje blinzelt.
3.40 Vosje setzt bei steigender Stressbelastung Kot ab.
3.41 Vosje ist auf einer unbekannten Weide. Er setzt in zwei Stunden sechsmal Urin ab. Das sind jeweils kurze, hektische Momente. Teilweise schachtet er dabei nicht einmal aus.

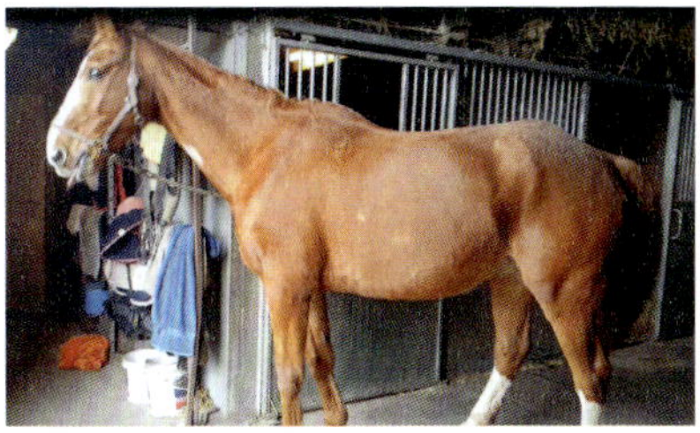

3.37

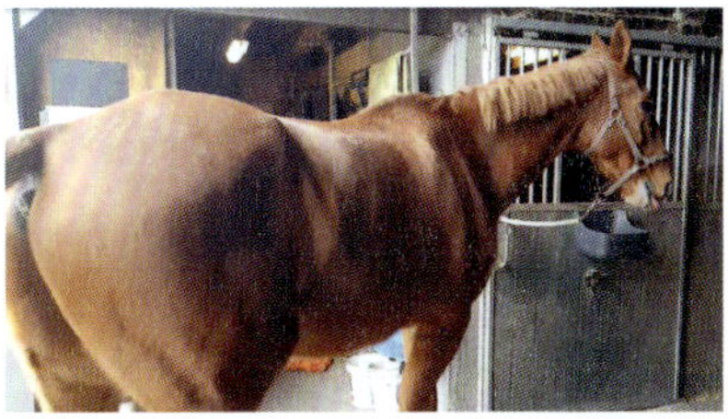

3.38

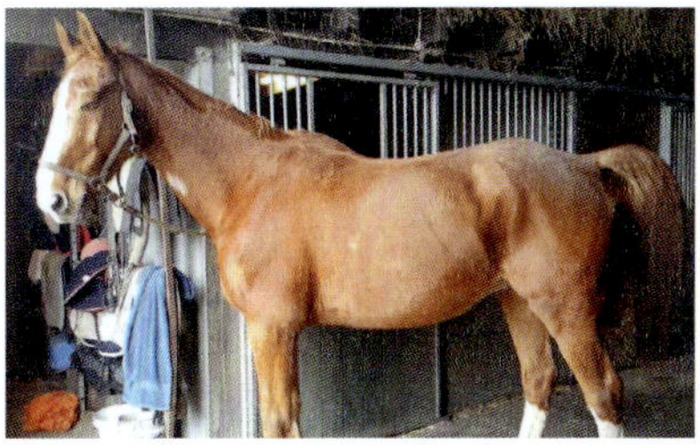

3.39

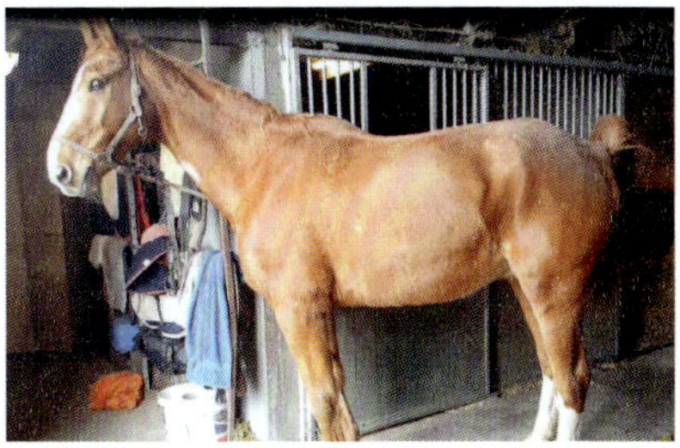

3.40

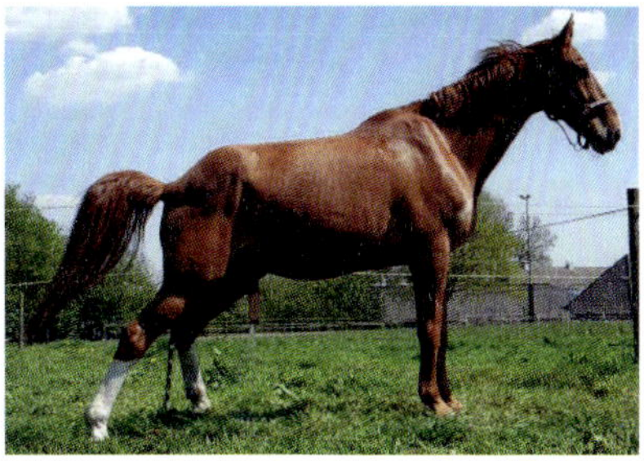

3.41

es Kot absetzt. Bei einem plötzlichen Schreck und einer sprunghaft auftretenden, sehr starken Stressbelastung kann das Pferd die Calming Signals und das Übersprungsverhalten auslassen und sofort äppeln. Ein Pferd, das aufgrund starker Stressbelastung Kot absetzt, zeigt oft auch intensive Motorik, meistens Fluchtverhalten. Verhindern Reiter oder Trainer dies, sieht man, wie das Pferd im langsamen Trab Kot absetzt oder während es sich am Strick vor- und zurückbewegt.

Äppelt das Pferd unter Stress, zeigt es eine andere Körpersprache, als wenn es dabei entspannt ist. Manchmal hebt es seinen Schweif an und hält ihn für einige Sekunden hoch, bevor Kot erscheint. Manchmal kommt aus dem Anus nur ein bisschen Flüssigkeit, und manchmal tatsächlich Pferdeäpfel. Die Menge an Kot ist hierbei meistens kleiner, als wenn das Pferd entspannt ist. Es kann nur ein kleiner Ballen sein oder der Kot ist nicht gut geformt und deutlich zu weich. Wenn sich das Pferd dabei vor- und zurückbewegt, wird der Kot in kleinen Portionen verteilt.

3.5 HEKTIK: FRESSEN, TRINKEN, BEWEGEN

Es ist eine gute Idee, zu beobachten, wie Ihr Pferd frisst und trinkt, wenn es entspannt ist, so haben Sie einen Vergleich für den Moment, in dem das Pferd Stress aufzubauen beginnt.

Unter stärkerer Stressbelastung zeigen Pferde Nahrungs- und Wasseraufnahme nur kurz und hektisch. Das Pferd kann sich dann beim Fressen und Trinken vor- und zurückbewegen. Es wird zwischendurch immer wieder aufhören zu fressen, den Kopf hoch anheben, sich umblicken, auf Geräusche achten oder selbst Geräusche machen. Vielleicht lässt es Futter aus dem Maul fallen, kaut schneller. Wie bereits in Kapitel 2.20 besprochen: Je höher die Stressbelastung, desto höher die Frequenz des Abbeißens. Manchmal ändert sich auch die Abbeißtechnik. Wenn die Stressbelastung zu stark wird, hören Pferde auf zu fressen und zu trinken, und nehmen angebotenes Futter und Wasser nicht an.

Ted ist ein sechs Monate alter Tinker. Er ist gerade in einem neuen Stall angekommen. In den ersten Tagen hat er eine Box mit einer offenen oberen Tür, über die hinweg er Kontakt mit zwei anderen Pferden aufnehmen kann. Ted ist ruhelos. Beide Ohren sind nach vorne gerichtet. Er bewegt sich in seiner Box im Kreis, stoppt mehrmals zum Lauschen, den Kopf angehoben auf die höchstmögliche Position, sein Gesicht zeigt starke Stressbelastung. Er ruft manchmal nach den anderen Pferden. Nach einer halben Stunde kreisen und stoppen zum Hören steht er still. Seine Ohren bewegen sich immer noch viel, immer wieder von vorne zur Seite nach hinten. Als Ted sich langsam an die neue Umgebung gewöhnt, werden auch seine Ohrbewegungen ruhiger.

In diesem Szenario sind zunächst die Körperbewegungen schnell, dann die der Ohren, die wie ein Muster gezeigt werden, zuletzt führt die mentale Entspannung auch zu einer physischen Entspannung.

Manchmal sieht man auch hektische Bewegungen unter dem Reiter oder beim Führen. Das Pferd wird zu langsamen Bewegungen gezwungen, wenn es sich eigentlich schneller bewegen möchte. Wäre das Pferd frei, würde es sich passend zu seinem emotionalen Zustand bewegen. Ein Pferd in einem negativen emotionalen Zustand wird dies sofort durch seine Bewegungen anzeigen.

Hin- und hergehen

Hin- und hergehen ist etwas, das wir bei domestizierten Pferden häufiger sehen. Ich beobachte viele Pferdebesitzer, die dies als ein völlig normales und akzeptables Verhalten von Pferden einschätzen.
Ein Pferd geht oder läuft hin und her, wenn es durch eine Barriere daran gehindert wird, einen Ort oder ein Individuum aufzusuchen. Weil das Pferd diese Barriere nicht passieren kann, um an den Ort seiner Wahl zu kommen, wird es sich in Schritt, Trab oder Galopp – abhängig von Motivation und Stressbelastung – entlang dieser Barriere bewegen. Der Kopf wird dabei mittelgradig hoch bis hoch getragen und das Pferd hat den Fokus (Augen und Ohren) dort, wo es gerne hinmöchte, unabhängig davon, in welcher Richtung entlang der Barriere sich das Pferd gerade bewegt.

Die Intensität der Stressbelastung kann dabei unterschiedlich sein und lässt sich am Verhalten ablesen. Wenn das Pferd im Schritt ein paar Mal hin- und hergegangen ist, Calming Signals gezeigt und sich dann zum Grasen entfernt hat, war die Stressbelastung eher niedrig und so, dass das Pferd selbst damit fertig werden konnte.

Abhängig von den Bedürfnissen und Ängsten des Pferdes können Stressbelastung und Motivation aber auch sehr hoch sein. Ein Pferd kann z.B. hin- und herlaufen, weil es nicht alleine sein mag, sondern lieber mit anderen Pferden zusammenstehen möchte. Es kann Schmerzen haben, hungrig sein oder frieren und möchte deshalb in den Stall. Es wurde mit einem Angstauslöser konfrontiert und möchte zurück in den Stall, wo es sich sicher fühlt. Vielleicht wurden andere Pferde von der Koppel zuerst in den Stall gebracht und es wurde draußen alleine gelassen. In all diesen Situationen ist Stressbelastung vorhanden oder nimmt weiter zu.

Info

Das Hin- und Hergehen des Pferdes ist also kein Verhalten, das man einfach ignorieren sollte. Behalten Sie im Blick, ob Ihr Pferd in der Lage ist, mit einer bestimmten Stressbelastung klarzukommen, oder ob die Stressbelastung so hoch ist, dass es Unterstützung braucht. In diesem Fall sollten Sie versuchen, den Stressor zu identifizieren und dem Pferd zu helfen. Das kann z.B. geschehen, indem Sie versuchen, im Stallmanagement etwas zum Positiven zu verändern.

Ein Beispiel für eine Verhaltenssequenz

Stressbelastung kann sich sehr subtil und dezent aufbauen. Zwischen den drei Bildern 3.42 bis 3.44 liegt je eine Sekunde.

3.42

3.42 Ich stehe still und Indy betrachtet mich.

3.43

3.43 Ich gehe auf Indy zu. Beim ersten Schritt hebt sie ihren Kopf höher. Ihre Augen werden runder, man sieht etwas Weiß um die Iris. Ihre Nüstern werden runder und die Oberlippe steht etwas vor der Unterlippe.

3.44

3.44 Ich stehe still und Indy erholt sich. Sie zeigt wieder mandelförmige Augen und längliche Nüstern. Ihr Kopf ist aber immer noch hoch.

3.6 DISTANZ VERGRÖSSERNDE SIGNALE

Wenn der Stimulus, der die Stressbelastung verursacht hat, gleichbleibt oder sogar stärker wird, hat das einen direkten Effekt auf das Pferd: Seine Stressbelastung bleibt hoch oder wird noch intensiver. In diesem Fall können zwei Dinge passieren:

1. Das Pferd entfernt sich vom Stressor und vergrößert so aktiv die Distanz zwischen sich und dem Stressor.
2. Das Pferd bewegt sich auf den Stressor zu und versucht aktiv, ihn zum Rückzug zu bewegen oder zu stoppen, damit er zumindest nicht näher herankommt. Hierbei zeigt es hauptsächlich Drohverhalten.

Die Signale, die ein Pferd einsetzt, um die Distanz zwischen sich und einem Stressor zu vergrößern, habe ich Distanz vergrößernde Signale genannt. Es gibt verschiedene Gründe, warum Pferde solche Signale einsetzen:

1. Das Pferd hat oder erwartet Schmerzen und versucht deshalb, die Distanz zwischen sich und dem Stimulus (einem Individuum oder Objekt) zu vergrößern. So kann z. B. ein Pferd, das Rückenschmerzen hat, Distanz vergrößernde Signale zeigen, wenn man es sattelt oder den Gurt anzieht.
2. Das Pferd kennt den Stimulus nicht (z. B. eine unbekannte Person), es hat kein Vertrauen. Daher setzt es Distanz vergrößernde Signale ein.
3. Das Pferd fühlt eine sehr wichtige Ressource (z. B. Futter, Wasser oder ein anderes Pferd) bedroht. Es möchte die Distanz zwischen sich und der Ressource und einem möglichen Konkurrenten halten oder vergrößern.

Pearl und Indy sind auf der Weide. Indy steht nahe am Wassertrog. Pearl blickt Indy an, ihre Ohren drehen sich nach hinten, ihre Nase ist leicht vorgeschoben und ihre Augen sind offen ohne zu blinzeln. Pearl macht eine Vorwärtsbewegung mit ihrer Nase durch die Luft, so, als ob sie Indy einen leichten Schubs geben will. Indy antwortet darauf, indem sie weggeht. Pearl beginnt zu trinken.

Gertje und ich reiten im Gelände. Ich bin mit Vosje vor Gertje mit Orion. Wir gehen Schritt. Als Orion neben Vosje geht, blickt Vosje ihn an, legt seine Ohren zurück und fokussiert Orion mit den Augen ohne zu blinzeln. Orion reagiert darauf, verlangsamt sein Tempo und geht wieder hinter Vosje. Nach 500 Metern erreichen wir den Weg, der nach Hause führt. Die Pferde beginnen schneller zu gehen und Orion kommt wieder nach vorne neben Vosje. Vosje blickt zur Seite, seine Ohren sind nach hinten gerichtet und seine Nase ist etwas nach vorne geschoben. Orion geht weiter neben Vosje. Der nimmt seinen Kopf zur Seite und bewegt ihn sofort wieder in Richtung Orion, wobei er leicht die Zähne zeigt. Es ist eine Beißandrohung. Weiter, als in die Luft zu beißen, geht er nicht. Orion verlangsamt und geht wieder hinter Vosje.

Distanz vergrößernde Signale spiegeln die Motivation des Pferdes wider, zeigen seine Grenzen und was es bewältigen kann. Das ermöglicht dem anderen Pferd, zu erkennen, was für das erste Pferd wichtig ist und was problematisch. Dabei gibt es keine festen Regeln. Was ein Pferd für sich als wichtig erachtet, ist abhängig vom jeweiligen Kontext, z. B. kann ein einziger Wassertrog in einem ansonsten leeren Paddock in heißen Sommermonaten sehr wichtig für ein Pferd sein. Im Herbst, wenn überall Regenpfützen stehen, ist der Trog nicht mehr so wichtig.

Womit ein Pferd klarkommt, hängt von seinem physischen und psychischen Zustand ab, dem Kontext und dem Training. Diese Faktoren sind individuell verschieden und können sich über die Zeit auch ändern.

Wenn ein Pferd Distanz vergrößernde Signale zeigt, hat es nicht die Absicht, das andere Pferd zu verletzen oder selbst verletzt zu werden. Es geht zur Seite und kann androhen, auszuschlagen oder zu beißen. Sollte es tatsächlich ausschlagen oder beißen, würde das nur in abgeschwächter Form in die Luft gezeigt werden. Wenn ein Pferd als Distanz vergrößerndes Signal etwas zur Seite geht, zeigt es nur ruhigen Schritt, Trab oder Galopp und kein Fluchtverhalten. Wenn die Distanz vergrößernden Signale vom Gegenüber nicht erkannt oder akzeptiert werden und die Stressbelastung weiter ansteigt, können solche Situationen zu einem echten Kampf eskalieren. Dann besteht auch ein erhöhtes Verletzungsrisiko und es kann extremes Fluchtverhalten gezeigt werden (siehe Kapitel 3.15). Bei meinen Untersuchungen habe ich viele Distanz vergrößernde Signale gesehen. Wenn diese Signale zwischen Pferden ausgetauscht wurden, wurden sie in der Regel erkannt und es wurde entsprechend darauf reagiert. Annäherung wurde abgebrochen und das Pferd, das sich entfernt hatte, wurde in Ruhe gelassen. So konnte eine Eskalation verhindert werden.

Bevor ein Pferd Distanz vergrößernde Signale zeigt, kann es für einen kurzen Moment stillstehen.

Wortwahl

Ich habe hier bewusst nicht den Begriff „Drohsignale" für diejenigen Distanz vergrößernden Signale verwendet, bei denen sich ein Pferd proaktiv auf den Stressor/Stimulus zubewegt. Leider scheint der Begriff „Drohsignale" bei Menschen auszulösen, dass sie das Pferd in diesem Moment „dominieren" möchten: „Du drohst? Ich zeige dir mal, wer hier wen bedroht." Das Risiko für Strafmaßnahmen ist größer. Der Begriff „Distanz vergrößernde Signale" betont, dass das Pferd Platz braucht. Es sollte Hilfe bei seiner Ausbildung und Sozialisierung erhalten, anstatt bestraft zu werden.

Abgeschwächte Distanz vergrößernde Signale

Wenn Sie Ihr Pferd beobachten, werden Sie auch leichte oder schwache Formen von Distanz vergrößernden Signalen sehen. Ein Pferd kann ein anderes Pferd auf Abstand halten, indem es das unerwünschte Pferd mit angelegten Ohren für ein oder zwei Sekunden anblickt. Das Pferd hat die Erfahrung gemacht, dass es kein stärkeres Signal benötigt, und das andere Pferd versteht das abgeschwächte Signal. Unter Umständen, aber nicht zwingend, wurden in der Vergangenheit sehr viel stärkere Signale ausgetauscht, und das schwächere Signal reicht nun für die Verständigung.

Stellen Sie sich ein Pferd vor, das beim Satteln ein paar Schritte weg vom Reiter geht. Dies ist eine abgeschwächte Form des Distanz vergrößernden Signals „Flucht". Das Pferd hat hier früher unter Umständen sogar Fluchtverhalten gezeigt. Vielleicht hat es auch gelernt, dass bestimmte Distanz vergrößernde Signale wie flüchten oder drohen in bestimmten Situationen nicht funktionieren und es zeigt sie deshalb nur kurz in einer abgeschwächten Form. Diese abgeschwächten Distanz vergrößernden Signale beinhalten kleinere Bewegungen und weniger intensive Mimik und können während oder nach Calming Signals, Übersprungsverhalten oder Stresssignalen gezeigt werden.

Distanz vergrößernde Signale werden übersprungen

Wenn eine Bedrohung sehr plötzlich eintritt, hat das Pferd keine Zeit für Kommunikation oder eine Warnung an jemanden. Es muss sofort reagieren – und das macht es dann auch.

3.7 KOMMUNIKATIONSLEITER: DISTANZ VERGRÖSSERNDE SIGNALE

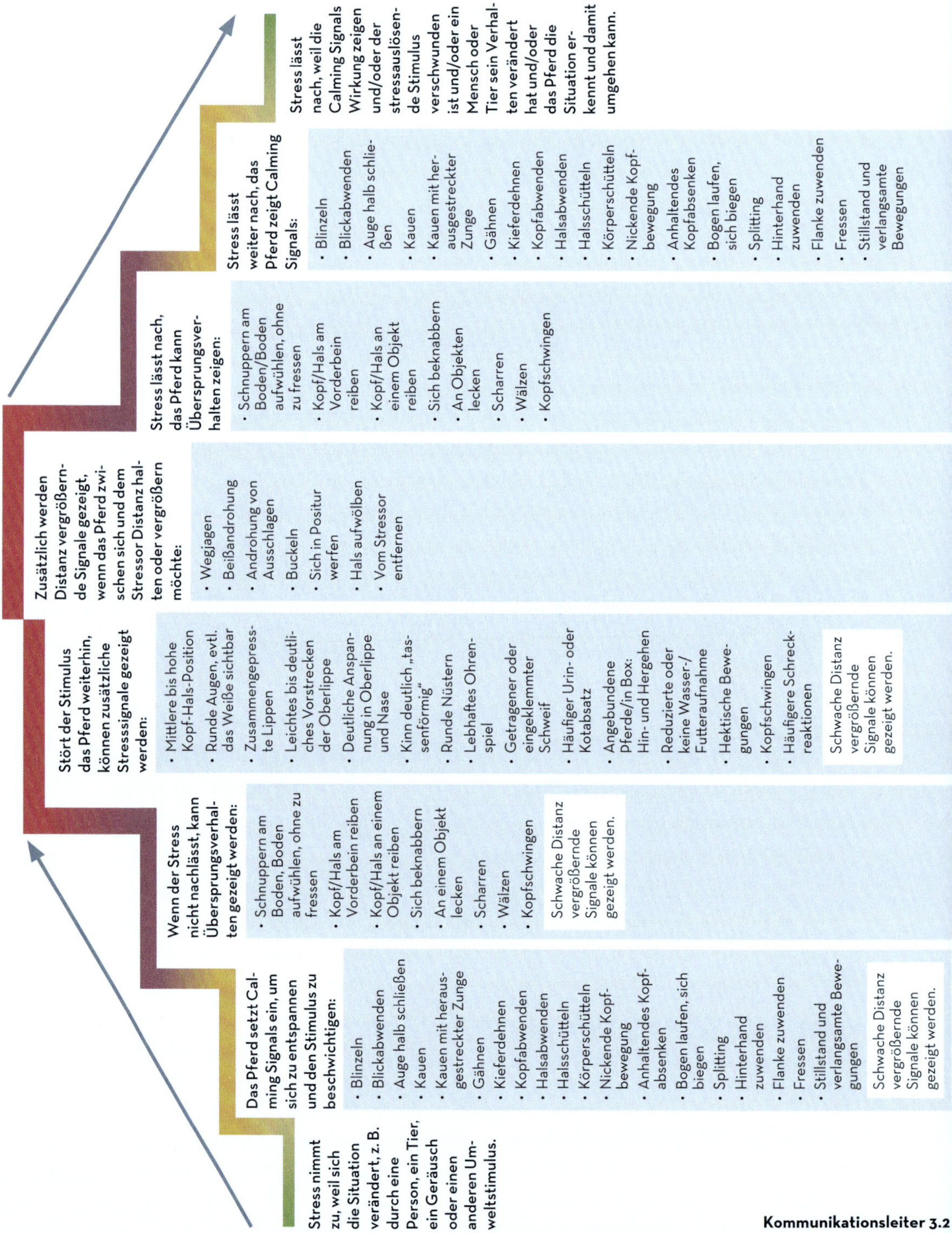

Kommunikationsleiter 3.2

3.8 WEGJAGEN

Ein anderes Pferd wegzujagen, ist eine Möglichkeit, proaktiv die Distanz zu einem Konfliktpartner zu vergrößern. Pferde zeigen dabei charakteristische Körperhaltungen und Aktionen:

— Kopf und Hals werden zwischen horizontal und hoch getragen.
— Die Ohrbasis ist nach hinten gedreht und die Ohren sind leicht angelegt.
— Die Augen sind offen und blinzeln nicht.
— Die Nase ist etwas nach vorne geschoben. Das kann auch zusammen mit einer Kopfbewegung nach oben und unten gezeigt werden. Das Pferd nickt quasi bei aufgewölbtem Hals, bevor es die Nase wieder nach vorne schiebt.
— Ein Kopfschlenkern kann Vorbote des Wegjagens sein.

3.45 Die Kastanienbraune (ohne Fliegenmaske) zeigt ein Distanz vergrößerndes Signal gegen das schwarze Pferd. Sie zeigt es aus dem Schritt heraus und mit mittlerer Intensität.

3.46 Hier jagt das gleiche Pferd den Schwarzen aus einer höheren Stressbelastung heraus weg.

3.47 Vosje, das rechte Pferd, schnappt in die Luft Richtung Orion, das linke Pferd, als Orion sein Tempo erhöht und neben Vosje geht. Nach der Beißandrohung von Vosje verlangsamt Orion seine Bewegung und geht wieder hinter Vosje.

3.48 Indy, das Pony auf der linken Seite, möchte nach links weggehen und wird von Pearl gestoppt. Nach Pearls Schnappen in die Luft ändert Indy die Richtung und geht nach rechts.

3.9 BEISSANDROHUNG

Wenn ein Pferd als Distanz vergrößerndes Signal androht zu beißen, sagt es damit dem anderen Pferd: „Hör auf mit dem, was du machst" oder: „Stopp, ich brauche mehr Platz."

Androhen zu Beißen als Distanz vergrößerndes Signal ist dadurch charakterisiert, dass das Pferd tatsächlich nicht beißt! Es ist eine Warnung. Das Pferd bewegt seinen Kopf schnell seitlich in Richtung des anderen Pferdes, es zeigt seine Zähne, öffnet das Maul leicht und droht, eventuell klappern die Zähne aufeinander (Bilder 3.47, 3.48). Die Ohren können dabei in unterschiedlichen Positionen stehen: Sie können beide zurückgelegt sein oder ein Ohr zeigt nach vorn, während das andere auf den Konfliktpartner gerichtet ist. Wenn das andere Pferd nicht auf die Warnung reagiert, kann die Beißandrohung mehrmals gezeigt werden. Wie oft, bevor tatsächlich gebissen wird, hängt vom individuellen Pferd und dem aktuellen Kontext ab.

Eine Beißandrohung und tatsächliches Beißen kann auch im Spiel gezeigt werden, beim Allogrooming oder wenn Objekte untersucht werden. Pferde können in die Luft schnappen oder tatsächlich beißen, wenn sie einem sehr unangenehmen oder schmerzhaften Stimulus ausgesetzt sind, z. B. wenn der Gurt unsanft angezogen wird. (Anmerkung: Als Allogrooming bezeichnet man es, wenn ein Pferd ein anderes beknabbert. Beim Autogrooming dagegen beknabbert es sich selbst.)

3.10 ANDROHUNG VON AUSSCHLAGEN

Nichts ist besser geeignet, um die Distanz zu einem anderen Pferd zu vergrößern, als die Androhung, mit einem Hinter- oder Vorderbein auszuschlagen. Charakteristisch für das Ausschlagen mit einem Hinterbein ist, dass der Kopf in der höchstmöglichen Position und mit angespanntem Genick getragen wird. Die Nase ist leicht angehoben und nach vorn gestreckt. Die Mimik zeigt

3.49

3.49 Dolly, das Pferd auf der rechten Seite, nähert sich Benny an (siehe Pfeil). Benny möchte Dollys Annäherung abstoppen, denn sie kommt ihm zu nahe.

3.50

3.50 Benny zeigt ein Distanz vergrößerndes Signal. Er droht, auszuschlagen.

3.51

3.51 Währenddessen geht Benny auch ein paar Schritte rückwärts in Richtung auf Dolly. Sie reagiert adäquat und zügig, indem sie weggeht und damit die Distanz zwischen sich und Benny vergrößert.

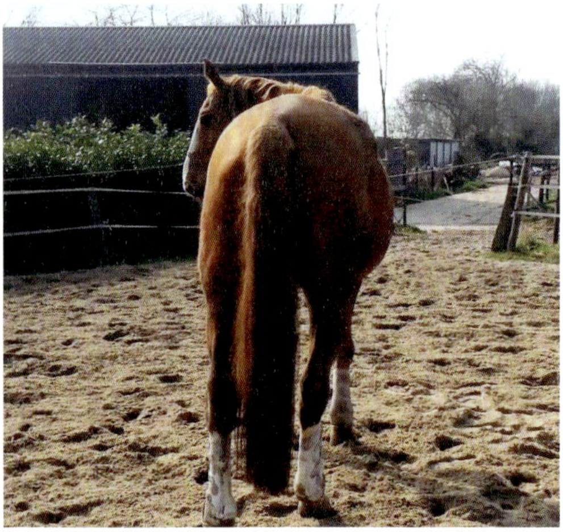

3.52

3.53

3.52 – 3.53 Vergleichen Sie diese beiden Fotos! Beide Pferde schauen sich nach hinten um, aber nicht als Distanz vergrößerndes Signal. Die Positionen von Hals und Kopf sind nur mittelgradig hoch, die Muskulatur von Hals und Rücken ist entspannt (der Rücken wirkt lang), der Kopf ist nicht zurückgenommen und bei beiden Pferden ist jeweils ein Ohr nach hinten und das andere nach vorne gegen einen potenziellen Kommunikationspartner gerichtet.

mittlere bis starke Stressbelastung (Tabelle 3.26). Während dieser Drohung sind die Ohren seitlich oder nach hinten gerichtet. In einer Situation mit der höchstmöglichen Stressbelastung sind die Ohren an den Nacken gepresst. Das Pferd stellt seine Hinterhand gegen den Konfliktpartner, so als ob es sagt: „Stopp – hör auf." Oft hält das Pferd dabei ein Hinterbein leicht in der Luft und droht. Währenddessen kann es ein paar Schritte zurückgehen, um die Drohung weiter zu verstärken (Bilder 3.49 bis 3.51). Ein Pferd kann sich aber auch nach hinten umschauen, ohne dass Drohverhalten gezeigt wird (Bilder 3.52, 3.53).

Ausschlagen mit dem Vorderbein

Droht das Pferd mit dem Vorderbein, ist ein aufgewölbter Hals eine charakteristische Warnung. Dabei ist der Musculus splenius capitis in der Rückenmuskulatur sichtbar angespannt. Beide Ohren sind nach vorn gerichtet, werden aber während des Ausschlagens angelegt. Das Pferd kann auch einen schrillen Schrei ausstoßen, wenn es mit dem Vorderbein ausschlägt.

Als Distanz vergrößerndes Signal ist das Ausschlagen mit dem Vorderbein nicht darauf ausgelegt, den anderen zu treffen. Es stellt vielmehr eine deutliche Warnung dar und fordert mehr Abstand ein (Bilder 3.55 bis 3.57).

3.54

3.54 Marian will herausfinden, ob die Stute Leah auf der rechten Seite rossig ist und zum Hengst gebracht werden kann. Leah wird vor den Wallach Orion geführt. Sie wölbt ihren Hals auf. Beide Ohren sind nach vorn gestellt und ihre Aufmerksamkeit ist beim Wallach.

3.55

3.55 Leah schlägt mit dem Vorderbein aus. Beide Ohren sind dabei nach hinten gedreht, die Oberlippe ist verlängert. Orion zeigt eine Fluchtreaktion und hat ebenfalls beide Ohren nach hinten angelegt. Sein Maulwinkel ist recht lang.

3.56

3.56 Leah schlägt mit ihrem Vorderbein und hüpft mit ihren Hinterbeinen ein wenig hoch. Sie landet auf allen Vieren. Orion wendet den Hals ab. Im Video kann man sehen, dass beide Pferde Calming Signals zeigen.

3.57

3.57 Leah kaut und blinzelt. Orion zeigt Halsabwenden.

3.58

3.58 Das Pferd rechts wird in den Paddock gebracht. Es nähert sich dem Pferd zur Linken. Beide Pferde beschnüffeln sich gegenseitig. Das linke Pferd schlägt mit dem Vorderbein aus.

3.59

3.59 Das rechte Pferd dreht sich um und droht auszuschlagen. Es zeigt dies, indem es rückwärts hüpft und seine Hinterbeine abwechselnd bis an seinen Bauch hebt. Es schlägt nicht wirklich nach hinten aus.

3.60

3.60 Das Pferd hüpft nach hinten, ohne auszuschlagen. Achten Sie auf sein Gesicht. Die steigende Stressbelastung ist deutlich zu erkennen an der vorgeschobenen Oberlippe und der tassenförmigen Unterlippe (Pfeil).

3.61 Beide Pferde gehen zum hinteren Teil des Paddocks. Sie beginnen zu grasen und halten dabei eine parallele Position zueinander. Es gab keinen offensiv ausgetragenen Konflikt und keine Verletzungen, aber es wurden deutliche Signale ausgetauscht, wieviel Distanz jedes Pferd zum anderen möchte.

3.11 BUCKELN

Beim Buckeln zeigt das Pferd sehr aktives Verhalten. Der Rücken ist angespannt, der Hals aufgewölbt, der Kopf tief getragen (unterhalb der Brust oder zwischen den Vorderbeinen). Das Pferd springt in die Luft – entweder mit beiden Vorderbeinen, beiden Hinterbeinen oder allen vier Beinen gleichzeitig. Dabei können die Hinterbeine nach hinten ausschlagen. Ein Pferd kann aus dem Stehen buckeln, aus Schritt, Trab oder Galopp, und es kann dabei seine Richtung ändern. Es kann für eine längere Zeit sehr intensiv buckeln oder nur einmal niederschwellig. Wenn es unter dem Reiter buckelt und der Reiter den Kopf des Pferdes hochhält, kann ein Pferd auch mit einem konkaven Rücken buckeln.

Buckeln wird auch im Spiel zwischen Pferden gezeigt. Unglücklicherweise habe ich davon nur sehr wenig Videomaterial. Ich habe Buckeln oft als proaktives Verhalten beobachtet, um einen Angst, Furcht oder Schmerz verursachenden Stimulus bzw. Stressor wegzujagen (Bilder 3.62 bis 3.64). Deshalb habe ich Buckeln als Distanz vergrößerndes Signal klassifiziert. Ich habe so etwas bei Pferden auf der Weide beobachtet. Buckeln mit Ausschlagen der Hinterbeine wird als Distanz vergrößerndes Signal in Konfliktsituationen eingesetzt. Es ist eine Warnung an den anderen, nicht näher zu kommen. Es kommt zu keinem Körperkontakt.

Buckeln unter dem Reiter kann auch ein proaktives Verhalten sein, um einen frustrierenden oder schmerzhaften Stimulus abzustellen. Das kann der Reiter selbst sein, die Ausrüstung oder die gegebenen Hilfen. In solch einer Situation kann das Buckeln ambivalent zusammen mit Fluchtverhalten gezeigt werden. Beide Verhaltenssysteme sind nacheinander oder gleichzeitig aktiviert. Für den Reiter ist ein buckelndes Pferd generell eine angst- und stressauslösende Situation. Es kann gefährlich für das Pferd, den Reiter und auch Zuschauer werden. Deshalb ist es sehr wichtig, herauszufinden, wie Buckeln verhindert werden kann. Schmerz ist eine häufige Ursache für Buckeln, ausgelöst z. B. durch einen nicht passenden Sattel oder einen schlecht sitzenden Reiter. Man sollte auch weitere Stressoren bedenken: Ist das Pferd in der jeweiligen Umgebung entspannt oder gestresst? Ist es durch das Training überfordert und versucht, Stress durch das Buckeln abzubauen? Beim Buckeln kann ein starker Lerneffekt eintreten, wenn das Ergebnis positiv für das Pferd ist.

3.62 J'adore (das kastanienbraune Pferd) und Gairo (der Schwarzbraune), sind zum ersten Mal zusammen im Paddock. Beide traben und galoppieren zum Ende des Paddocks.

3.63 Gairo kommt J'adore zu nahe. Sie reagiert mit Buckeln, um die Distanz zu vergrößern.

3.64 Gairo dreht ab.

3.12 AUFGEWÖLBTER HALS

Der aufgewölbte und angespannte Hals ist ein Distanz vergrößerndes Signal, mit dem sich ein Pferd aktiv einem Stimulus annähert, entweder in einer geraden oder einer gebogenen Linie. Wenn das Pferd am Stimulus vorbeigeht oder gerade vorbeigegangen ist, kann es die Halsposition noch für mehrere Sekunden halten. Der aufgewölbte Hals ist charakterisiert durch einen angespannten und deutlich sichtbaren Musculus splenius capitis. Die Nase ist leicht gegen den Brustkorb geschoben, was zur Wölbung beiträgt. Die Ohren sind meistens nach vorn ausgerichtet, können aber auch nach hinten gestellt sein, wenn die Stressbelastung ansteigt. Ich bezeichne den aufgewölbten Hals als eine milde Form des „Sich-in-Positur-Werfens" (siehe Kapitel 3.13).

Während meiner Untersuchungen habe ich gesehen, dass Pferde dieses Signal gegen Menschen, Tiere und unbekannte Objekte zeigten, z. B. wenn ein Pferd beim Ausritt an einer Koppel mit unbekannten Pferden vorbeilief, wenn zwei einander unbekannte Pferde auf den gleichen Paddock gestellt wurden oder wenn ein Pferd mit einem unbekannten Objekt, Mensch oder anderem Tier konfrontiert wurde. Das Gesicht eines Pferdes, das den Hals aufwölbt, zeigt eine starke Stressbelastung. Bei meinen Untersuchungen haben die Adressaten dieses Signals, die unbekannten Pferde, Menschen und

3.65 Orion (links) und Dana treffen sich auf der Straße. Beide wölben den Hals als Distanz vergrößerndes Signal, aber Dana zeigt noch eine andere Motivation: Sie streckt ihre Nase vor, um Orion zu beschnuppern.

3.66 Die Stressbelastung lässt nach und der aufgewölbte Hals als Distanz vergrößerndes Signal verschwindet. Orion zeigt durch seine Mimik und Muskulatur immer noch etwas Spannung. Beachten Sie, dass die Zügel bei beiden Pferden durchhängen. Die Reiter geben keine Signale.

3.67

3.68

3.69

3.70

3.71

3.72

3.67 – 3.72 Auf den ersten drei Fotos sieht man Ilova, die sich mit aufgewölbtem Hals einem Sattel annähert. Sie läuft dabei einen leichten Bogen. Auf den letzten drei Fotos untersucht sie den Sattel. Sie geht dann weg und ein anderes Pferd im Paddock begutachtet den Sattel weiter. Auf dem Video kann man sehen, dass Ilova als Calming Signal kaut, während sie sich entfernt.

Objekte, ruhig darauf reagiert, ohne das Pferd auf irgendeine Art zu provozieren. Dadurch erreichten sie, dass die Stressbelastung des Pferdes sehr schnell zurückging (Bilder 3.65, 3.66). Das Pferd hat seinen Hals fast augenblicklich entspannt.

In meinen Untersuchungen habe ich den aufgewölbten Hals auch bei Pferden gesehen, die in eine bestimmte Situation gezwungen wurden. Ich kann mir vorstellen, dass das Pferd – hätte es die Freiheit gehabt – hier einen anderen Weg gewählt hätte, um diesen neuen Stimulus kennenzulernen. Es könnte ihn sogar komplett vermieden oder sich zunächst auf eine größere Distanz gehalten und sich mehr Zeit gegönnt haben, um Kontakt aufzunehmen.

Bei meinen Beobachtungen führten in 95% solcher Situationen der aufgewölbte Hals und weitere Distanz vergrößernde Signale dazu, dass der Konflikt bereinigt wurde. Es fand keine Konfrontation oder gar ein Kampf statt. In den verbleibenden 5% der Situationen wurde nach dem Aufwölben des Halses ein Ausschlagen mit dem Vorderbein gezeigt, deutlich gegen den Konfliktpartner gerichtet und teilweise mit Kontakt.

3.13 SICH-IN-POSITUR-WERFEN

Mussten Sie jemals in einer fremden Stadt nachts durch eine dunkle Gasse gehen? Ich schon. Und ich hatte dabei zwei gegensätzliche Impulse: Zum einen war da der Wunsch, so schnell wie möglich durch diese Gasse zu laufen … ja, aus Angst heraus! Aber weil kein direkter Furchtauslöser zu erkennen war, habe ich mir gesagt, dass Angst unnötig ist. Ich bin ruhig weitergegangen, habe dabei meinen Rücken durchgestreckt, meine Schultern gespannt und jedem, an dem ich vorbeikam, direkt ins Gesicht geschaut, nach dem Motto: „Fang ja keinen Streit mit mir an.“ Trotzdem war ich sehr erleichtert, als ich das Ende der Gasse erreicht hatte …

Bei meinen Forschungen habe ich Pferde gesehen, die sich genauso in Positur geworfen haben. Meistens konnte ich das beobachten, wenn unbekannte Pferde aufeinandertrafen. Das neue Pferd war sehr wahrscheinlich der direkte Auslöser. Die Aufmerksamkeit des Pferdes, das sich in Positur geworfen hat, war komplett auf das andere Pferd gerichtet. Es machte sich größer, man hatte fast das Gefühl, dass der Körper wuchs oder ein wenig aufgeblasen wurde. Die Muskelspannung nahm zu. Der Hals wurde aufgewölbt (siehe Kapitel 3.12), die Ohren zeigten nach vorne und der Kopf war so weit gebeugt, dass das Kinn fast die Brust berührte. Manchmal sah ich auch ein Kopfschlenkern. Das Pferd tänzelte, den Schweif leicht hoch bis sehr hoch getragen, er konnte sogar fast waagerecht erscheinen. Während dieses Verhaltens atmete das Pferd manchmal sehr laut, schnaubte oder stieß hart Luft aus.

Das Sich-in-Positur-Werfen habe ich meistens zwischen Pferden beobachtet, die sich bisher noch nicht kannten und einander auf Distanz zum ersten Mal begegneten, z. B. war ein Pferd auf der Weide und das andere wurde vorbeigeführt oder geritten, oder beide Pferde begegneten sich während eines Ausritts. Es fand fast niemals ein direktes Zusammentreffen dieser Pferde statt. Die Besitzer hielten sie auf Distanz, weil ein Zusammentreffen nicht geplant war.

Ich kategorisiere dieses Sich-in-Positur-Werfen als Distanz vergrößerndes Verhalten. Das andere Pferd soll dadurch so beeindruckt werden, dass es nicht zu einer Eskalation kommt. Das Pferd, gegen das dieses Verhalten gezeigt wird, antwortet meist mit Calming Signals. So kommt es zu keiner Provokation mit möglicher Eskalation. Wenn die Pferde einander passierten oder sich auf größere Distanz gegenüberstanden, ließ die Stressbelastung nach. Daraufhin wurde das Sich-in-Positur-Werfen beendet und jedes Pferd zeigte wieder das ursprüngliche Verhalten.

In der Praxis

Ich denke, der Schlüssel für den Umgang mit diesem Verhalten ist es, die Distanz zu halten oder sogar zu vergrößern, bis das Pferd sich entspannt. Es kann sein, dass solche Pferdebegegnungen dann mehrmals durchgeführt werden müssen, bevor die Pferde sich gegenseitig nicht mehr als Stressor wahrnehmen. Wenn Sie ärgerlich reagieren, kann das dazu führen, dass das Pferd mit dem Anblick des anderen Pferdes zusätzliche negative Stimuli assoziiert, unter Umständen sogar Schmerz. Das verstärkt die Stressbelastung.

Die vier Pferde auf den Bildern 3.73 bis 3.75 stehen zum ersten Mal in einem Paddock nebeneinander.

3.73 Vosje, der Kastanienbraune vorn im Foto, geht frontal auf Gairo, den Schwarzbraunen und einzigen anderen Wallach zu. Vosje zeigt als „Sich-in-Positur-Werfen“ einen aufgewölbten Hals und trabt als ein Distanz vergrößerndes Signal auf Gairo zu.

3.74 Gairo antwortet mit einem aufgewölbten Hals. Die Pferde beschnuppern sich.

3.75 Gairo möchte keinen Konflikt riskieren und geht weg.

3.76 Orion hat Angst vor der rechten hinteren Ecke des Reitplatzes. Er entfernt sich und zeigt Fluchtverhalten mit leichter Stressbelastung.

3.77 Beide Pferde haben sich in der Nähe des Tores erschreckt. Zügig drehen sie sich um und rennen weg. Zu Beginn der Flucht stellen sie ihre Ohren nach hinten, danach in Bewegungsrichtung.

3.14 VOM STRESSOR ENTFERNEN: FLUCHT

Flucht ist ein Distanz vergrößerndes Signal, bei dem sich das Pferd vom störenden Stimulus entfernt. Dabei kann Fluchtverhalten in unterschiedlichen Intensitäten gezeigt werden, das Ausmaß ist proportional zur Stressbelastung des Pferdes, die auch über weitere körperliche und mimische Signale ausgedrückt wird.

Ein Beispiel für eine leichte Form von Fluchtverhalten wäre, wenn ein angebundenes Pferd ein paar Schritte vom Reiter weggeht, der es nach dem Reiten mit Wasser abspritzt. Ein Fluchtverhalten, ausgelöst durch eine mittlere Stressbelastung, könnte sein, wenn ein Pferd auf der Weide durch ein Geräusch erschreckt wird und davontrabt. Eine massive Fluchtreaktion, ausgelöst durch eine starke Stressbelastung, kann es sein, wenn sich ein Pferd bei einem Ausritt erschreckt, wendet und zum Stall zurückgaloppiert.

Jedes Pferd nimmt seine Umwelt individuell wahr. Und deshalb hat auch jedes Pferd sein eigenes Set an Stress- und Angstauslösern. Typische Elemente von Fluchtverhalten sind:

1. Die Ohren sind nach hinten gerichtet, wenn das Pferd die Absicht zur Flucht hat, und auch, wenn es dann tatsächlich flieht. Bevor das Pferd seine Ohren nach hinten legt, kann es sie sehr vorsichtig in alle Richtungen drehen, um so viel Geräusche aus der Umwelt wie möglich wahrzunehmen. Während der Flucht bewegen sich die Ohren nach vorne in die Bewegungsrichtung.
2. Das Pferd hält seinen Kopf hoch, streckt die Nase vor und zeigt einen leicht konkaven Rücken.
3. Der Schweif bzw. die Schweifbasis ist immer angespannt, egal, wie stark die Stressbelastung ist. Kein fliehendes Pferd hat einen entspannten Schweif.

4. Der Kopf ist für einen kurzen Moment leicht seitlich gebogen, damit das Pferd den Stressor vor der Flucht sehen kann. Wenn das Pferd dann wegläuft, gehen beide Ohren nach vorne in die Bewegungsrichtung.

Ein Beispiel für eine Verhaltenssequenz

In der Fotoserie sieht man Splitting und Flucht als Distanz vergrößerndes Verhalten sowie die Reaktion darauf. Der Kontext: Lorain, die kleine kastanienbraune Stute, ist eine wichtige Ressource – für Vosje, den größeren Kastanienbraunen, und für die Scheckstute Saar. Saar versucht, Lorain für sich zu gewinnen.

3.78 Vosje und Lorain grasen.

3.79 Vosje sieht, dass sich Saar in gerader Linie nähert.

3.80 Vosje zeigt ein Distanz vergrößerndes Signal gegen Saar (die hier noch nicht im Bild ist): Er jagt sie weg.

3.81 Saar verjagt Vosje. Vosje lässt sich nicht verjagen und dreht den Spieß um: Er verjagt Saar und splittet zwischen ihr und Lorain (links, hier nicht im Bild).

3.82

3.83

3.82 Saar biegt sich nach links. Vosje verjagt sie weiter und splittet zwischen ihr und Lorain. Saar wirft sich etwas in Positur.
3.83 Saar vergrößert die Distanz durch Flucht.
3.84 Vosje verjagt sie weiter.
3.85 Vosje galoppiert in einem Bogen heran.
3.86 Saar dreht sich um und galoppiert im Bogen im Lorain herum. Vosje verjagt dann Saar.

3.84

3.85

3.86

3.87

3.88

3.89

3.90

3.87 Vosje verjagt Saar weiter für eine kurze Zeit. Saar flieht, buckelt dabei und schlägt hinten aus, als weitere Distanz vergrößernde Signale.
3.88 Vosje dreht aus dem Verjagen ab und splittet wieder zwischen Saar und Lorain. Saars Ohren sind in Bewegungsrichtung und ihr Schweif zeigt zunehmende Stressbelastung.
3.89 Ende gut, alles gut? Vosje und Lorain stehen eng zusammen.
3.90 Saar und Oscar schauen es sich aus großer Distanz an.

3.15 ANGRIFF ODER FLUCHT

Wenn die Stressbelastung nicht weniger wird, z. B. weil die Distanz vergrößernden Signale keinen Effekt haben, werden diese Signale intensiver und das Pferd wird aktiver handeln. Jetzt entscheidet es sich für Angriff oder Flucht[1]. Es zeigt keine Drohung, sondern schlägt stattdessen absichtsvoll mit einem Vorderbein oder Hinterbein nach dem anderen Pferd. Es droht nicht zu beißen, sondern beißt zu. Es wird nicht ruhig weggehen oder wegtraben, sondern laufen, als ob sein Leben davon abhängt. In solch einer Situation buckelt es nicht, denn es braucht all seine Energie, um wirklich schnell zu rennen. Vielleicht schlägt es einmal zur Verteidigung aus, aber dann flieht es.

Einzufrieren[2] ist ein drittes mögliches Verhalten, das Pferde unter so einer starken Stressbelastung zeigen können. Einfrieren bzw. Erstarren ist etwas anderes als das Calming Signal „Stillstand". Das Einfrieren in diesem Fall bedeutet, dass das Pferd komplett steif wird. Es zeigt die höchste Kopfposition, zu der es fähig ist, und sowohl die Augen als auch die Nüstern sind sehr rund. Manchmal kann man sogar den Herzschlag sehen und eines der Beine kann zittern. Nach meinen Beobachtungen wird dieses Einfrieren kurz vor extremer Flucht oder Angriff gezeigt. Es ist ein Moment stärkster Immobilisation, direkt danach kommt eine sehr aktive Reaktion. Es werden weder Calming Signals noch Übersprungsverhalten gezeigt. Wenn die Stressbelastung so hoch ist, kann das Pferd auch nicht fressen, trinken oder Kot absetzen. Diese Aktivitäten sind erst wieder möglich, wenn die stärkste Stressbelastung nachgelassen hat und auch noch weiter abnimmt.

Ich habe bei meinen Beobachtungen eine Reihe von Pferden in verschiedenen Kontexten gesehen, sowohl in ihrer Interaktion mit Menschen als auch mit anderen Pferden auf der Weide. Dabei ist mir aufgefallen, dass einige Pferde sich unter steigender Stressbelastung unterschiedlich gegenüber Menschen und gegenüber Pferden verhielten: Wenn die Stressbelastung während der Interaktion mit Menschen zunahm, zeigten die Pferde Stresssignale und Distanz vergrößernde Signale. Es kam nicht zu einem tatsächlichen Biss oder einem absichtsvollen Ausschlagen gegen Menschen bzw. wenn doch, dann in

1 – Im Englischen: „Fight or Flight"
2 – Im Englischen: „Freeze"

sehr abgeschwächter Form. Wenn diese Pferde allerdings auf der Weide mit Pferden interagierten, dann haben sie tatsächlich auch Angriffsverhalten gegen diese Pferde gezeigt. Die Intensität des Angriffsverhaltens variierte in Abhängigkeit von der zugrundeliegenden Stressbelastung. Sie reichte von einem vorsichtigen, Kontakt herstellenden Ausschlagen bis zu einem extrem harten Ausschlagen. Ein Pferd konnte ein anderes Pferd eher sanft beißen und vielleicht nur eine haarlose Stelle auf der Haut hinterlassen, oder es hat so intensiv zugebissen, dass eine tiefere Wunde entstanden ist.

Wenn ein Pferd ein abgeschwächtes Angriffsverhalten gezeigt hat, sah man vorher ein eher langsames Ansteigen der Stressbelastung. In solchen Situationen habe ich kein Übersprungsverhalten beobachtet. Die Zeitspanne, in der ein Pferd Distanz vergrößernde Signale gezeigt hat, konnte auch sehr unterschiedlich sein. Die Latenzzeit bis zum Angriff konnte bei Null liegen, oder das Pferd hat für eine relativ lange Zeit vorher die Distanz vergrößernden Signale gezeigt.

Individuelles Verhalten

Natürlich ist es schwierig, unterschiedliche Situationen zu vergleichen und man muss vorsichtig sein mit Schlussfolgerungen, besonders, weil jedes individuelle Pferd aus einem individuellen Motivationszustand heraus handelt. Jedes Pferd bewertet die Umwelt individuell, ist individuell motiviert und bringt seine eigenen Erfahrungen mit. Letztendlich verhalten sich auch dieselben Pferde abhängig vom akuten mentalen Zustand von Situation zu Situation unterschiedlich. Mein Resümee ist, dass individuelle Pferde unterschiedlich hohe bzw. niedrige Toleranzgrenzen für die Entwicklung einer Stressbelastung und das Zeigen von Angriffsverhalten haben, und dass Pferde sich auch individuell unterschiedlich gegenüber Pferden und Menschen verhalten. Dies liegt meiner Meinung nach nicht zuletzt daran, dass Menschen Pferden beibringen, eben kein Angriffsverhalten zu zeigen. Wir erlauben Pferden nicht, zu beißen oder auszuschlagen. Dies kann dazu führen, dass Pferde in für sie schwierigen oder kritischen Situationen eine langsamere Zunahme der Stressbelastung über eine längere Zeit zeigen. Dies wiederum hat einen starken Einfluss auf das Verhalten und die Kommunikationssignale in der Interaktion mit Menschen.

Im Internet findet man Videos, auf denen Pferde anscheinend aus dem Nichts heraus massives Angriffsverhalten gegen Menschen zeigen und z. B. mit voller Wucht schlagen oder beißen. Üblicherweise sind diese Videos bearbeitet, um nur den tatsächlichen Moment des Beißens oder Ausschlagens zu zeigen. Wie sich die Situation entwickelt hat, sieht man nicht. Man muss aber tatsächlich immer die komplette Situation beobachten und bewerten, um alle Verhaltenselemente einer Sequenz einzuordnen und das Verhalten in einen Kontext zu stellen. Wichtig ist zu erkennen, ob das Pferd Stresssignale zeigte, welche und wie massiv diese waren. Bei meinen Untersuchungen habe ich solche Stresssignale immer gesehen. Sie bauten sich über eine längere Zeit auf oder wurden sehr schnell gezeigt, wenn sich Situationen plötzlich entwickelt haben. Niemals habe ich bei meinen Beobachtungen Angriffsverhalten gegen Menschen gesehen, ohne dass nicht vorher Stressbelastung angezeigt und andere Distanz vergrößernde Signale gegeben wurden. Kann so etwas aber vielleicht doch möglich sein? Kann es Pferde geben, die in der Interaktion plötzliches, spontanes Angriffsverhalten wie Beißen oder Ausschlagen mit voller Wucht zeigen, ohne dass vorher deutliche Zeichen für eine steigende Stressbelastung zu sehen waren?

Lernen unter Stress?

Zu welchem Zeitpunkt einer Interaktion ein Pferd massives Einfrieren, Angreifen oder Flucht zeigt, hängt von der Intensität des Stimulus ab, vom Pferd selbst, seinem Charakter, seinen bisherigen Erfahrungen oder auch von der Bindung zum Reiter. Ein Pferd zeigt vielleicht zwei Calming Signals, ein Übersprungsverhalten, fünf Stresssignale und dann flieht es. Ein anderes in der gleichen Situation zeigt zehn Calming Signals und fünf Stresssignale, bevor es flieht oder angreift. Wieder andere Pferde zeigen vielleicht nur Stresssignale. Und manchmal kann eine Minute verstreichen zwischen dem Auftreten eines Stimulus und einem Angriffs- oder Fluchtverhalten, manchmal aber auch nur ein Sekundenbruchteil, z. B. wenn ein Pferd sich plötzlich sehr stark erschreckt (siehe Kapitel 3.17).

Wenn ein Pferd erstarrt, angreift oder flieht, zeigt es evolutionär sehr altes Instinktverhalten. Lernen ist in solchen Situationen quasi unmöglich. Aber über welche Lernvorgänge reden wir hier überhaupt? Zügig auf einen Reiz zu reagieren, der Angst auslöst, ist überlebenswichtig. Wir Menschen erwarten, dass ein Pferd lernt, uns zu gehorchen und sich selbst zu kontrollieren, weil wir denken, dass der Stimulus gar nicht so bedrohlich ist und das Pferd dieses verstehen sollte.

Nach meiner Erfahrung erinnert sich ein Pferd an einen Stimulus, der Angst und entsprechende Verhaltensweisen wie Angriff oder Verteidigung ausgelöst hat, sehr gut. Wenn es diese Angst nicht durch eigenes Handeln reduzieren konnte oder wenn es nicht an den Stimulus desensibilisiert oder habituiert wurde, wird es in Zukunft mit intensiverer Angst reagieren. Und nicht nur das: Es kann sich auch eine Generalisation entwickeln gegenüber ähnlichen Stimuli oder Stimuli, die gleichzeitig mit dem angstauslösenden Stimulus aufgetreten sind. Das führt dazu, dass sich das Pferd mit einer gewissen Erwartungshaltung durch die Welt bewegt, und nicht nur auf den bewussten Stimulus, sondern auch auf andere in ähnlichem Kontext spontan mit Angst bis starker Angst reagiert.

Es ist schwierig, zu sagen, bis zu welchem Stresslevel bei einem Pferd noch kognitive Prozesse stattfinden können. Ob das Pferd lernen kann, sich bei steigender Stressbelastung so zu verhalten, wie wir Menschen das gerne hätten, hängt von verschiedenen Faktoren ab, z. B.:

— Je angenehmer die Lernsituation und je entspannter das Pferd, desto besser kann es sich auf kognitive Prozesse im Gehirn konzentrieren und desto besser kann es sich selbst kontrollieren.
— Je besser eine Übung in kleinen Schritten aufgebaut ist, desto einfacher ist es für das Pferd, zu lernen und der Übung zu folgen.
— Je mehr unsere Vorgehensweise das natürliche Verhalten von Pferden und seine Motivation berücksichtigt, desto schneller wird es Trainingsfortschritte machen.
— Je nachvollziehbarer unsere Kommunikation für das Pferd ist, umso schneller wird es Trainingsfortschritte machen.
— Je besser sozialisiert und habituiert ein Pferd ist, desto besser arbeiten Neurone und Synapsen und desto leistungsfähiger ist das Gehirn. Das Gehirn kann lernen, arbeiten und denken, und das reduziert die Wahrscheinlichkeit von Angriffs- oder Fluchtreaktionen. Das Pferd wird sich schneller an neue Stimuli gewöhnen, weil es bereits passende Konzepte im Gehirn parat hat.
— Je mehr das Pferd darin geübt ist, seine eigenen kognitiven Fähigkeiten einzusetzen, desto besser sind seine Problemlösungsfähigkeiten und desto geringer ist die Wahrscheinlichkeit, dass es Instinkthandlungen wie Flucht oder Angriff zeigt.

3.16 KOMMUNIKATIONSLEITER: ANGRIFF ODER FLUCHT

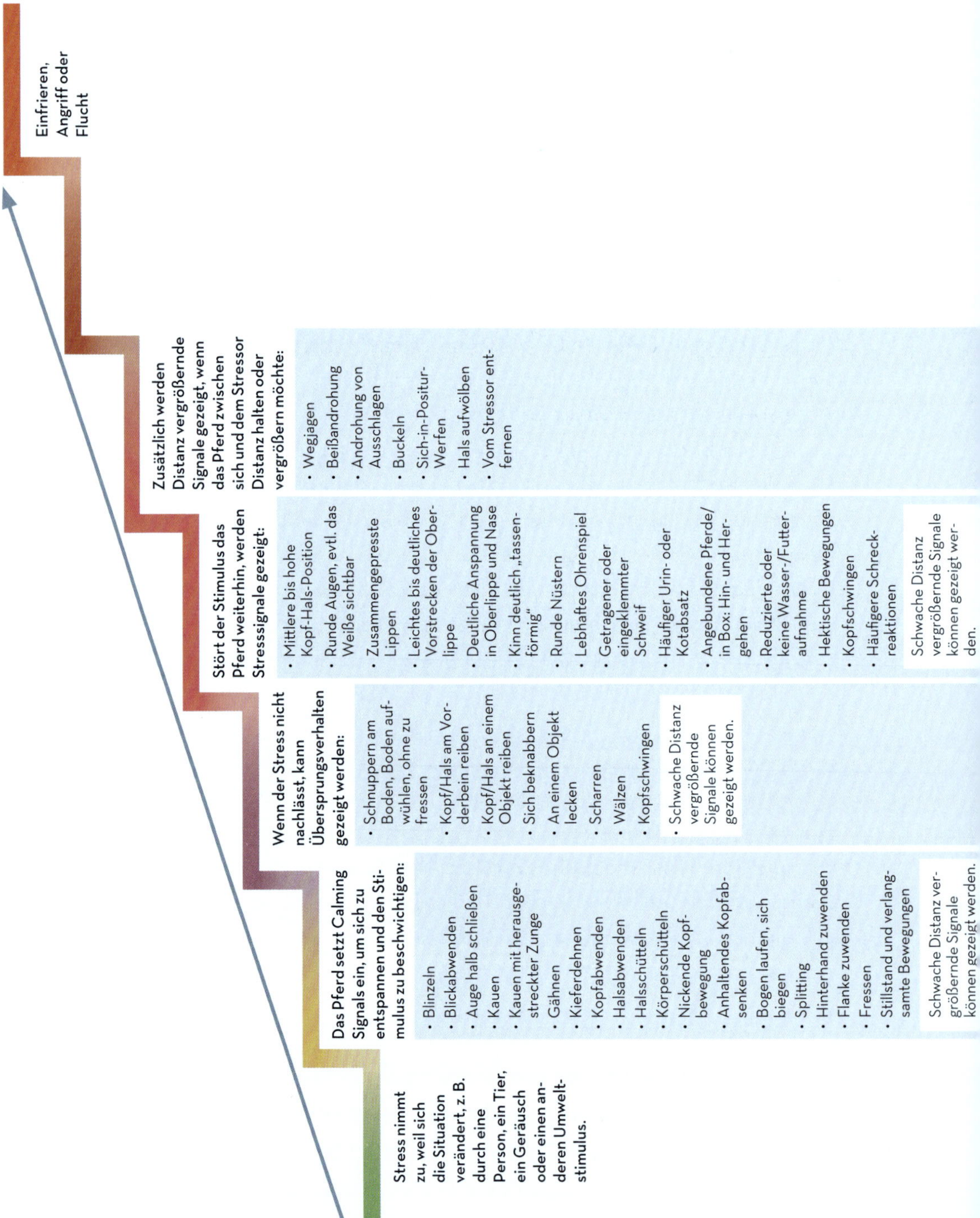

Wenn ein Reiter oder Trainer Mimik und körpersprachliche Signale des Pferdes interpretieren kann, auf alle Fälle aber in der Lage ist, Calming Signals zu erkennen, und dann passend zum Pferd die Lernumgebung so gestaltet, dass die Stressbelastung nicht so hoch ist, kann das Pferd besser lernen und Gedächtnisinhalte bilden. Das wiederum bedeutet, dass insgesamt weniger Zeit und Wiederholungen im Training eingeplant werden müssen. Eine wichtige Voraussetzung dafür ist, dass das Pferd psychisch und physisch gesund ist.

3.17 ERHOLUNG NACH STARKEM STRESS

In den vorherigen Kapiteln haben wir Situationen besprochen, in denen die Stressbelastung kontinuierlich zugenommen hat bis zu dem Punkt, an dem das Pferd Angriff oder Flucht gezeigt hat. Es gibt aber auch Situationen, in denen die Stressbelastung sehr plötzlich auf einem hohen Niveau ist. Dies passiert, wenn das Pferd plötzlich mit einem neuen Stimulus konfrontiert wird, der aus dem Nichts auftaucht, oder ein bereits vorhandener Stimulus verändert sich und löst Schreck/Schock aus. Das Pferd kann dann die bereits beschriebenen Verhaltensreaktionen zeigen, denn bei einem plötzlichen Erschrecken oder Schock haben wir es mit den gleichen zugrundeliegenden biologischen Prozessen zu tun.

Ich mache einen Ausritt mit Vosje. Es ist Mai, die Sonne scheint durch die Bäume. Wir traben einen langen geraden Weg entlang, seitlich neben uns ist Buschwerk. Plötzlich verändert Vosje seinen Trab. Er macht sich grösser. Seine Schritte werden kürzer und höher und sein Kopf geht nach oben. Seine Nüstern sind rund und er schnaubt. Auch seine Augen sind rund und er trägt seinen Schweif sehr hoch (ja, ich drehe mich tatsächlich manchmal beim Reiten um, um das Hinterteil meines Pferdes zu betrachten). Ich sehe nichts, was diese Verhaltensveränderungen erklären könnte und pariere zum Schritt. Vosjes Kopf bleibt hoch und seine Augen und Nüstern rund. Er tänzelt, hält den Schweif nach wie vor sehr hoch und schnaubt laut und hart. Vierzig Meter vor uns sehe ich ein Reh im Gebüsch. Nachdem wir vorbei sind, wird Vosje langsamer. Sein Schweif geht etwas runter, ebenso sein Kopf. Er zeigt ein paarmal hintereinander eine wippende Kopfbewegung. Dann kaut er und seine Nüstern werden wieder länglich.

Betrachtet man ein Pferd, das sich nach einem Angriffs- oder Fluchtverhalten oder einer Schrecksituation erholt, sieht man auf der Kommunikationsleiter die Elemente der ansteigenden Stressbelastung in umgekehrter Reihenfolge. Die Schritte werden absteigend gezeigt:

1. Mit welchen Verhaltensweisen das Pferd auf der Kommunikationsleiter beginnt, ist abhängig von der Intensität des Schocks oder Schrecks. Der größte Schreck kann ein sofortiges Angriffs- oder Fluchtverhalten auslösen. Ein starker Schreck erzeugt auch starke Stressbelastung und das Pferd kann, aber muss nicht zwingend Distanz vergrößerndes Verhalten zeigen. Von einem leichteren Schreck kann sich das Pferd schneller erholen und zeigt dann häufig Übersprungsverhalten oder Calming Signals. Wie lange ein Pferd braucht, um sich von einem Schreck oder Schock zu erholen, ist abhängig von der Intensität des Stimulus, der Erfahrung des Pferdes und seiner physischen und psychischen Kondition.
2. Wenn sich ein Pferd vom Schreck erholt und dieser Prozess noch nicht komplett abgeschlossen ist, reduziert sich seine Toleranzgrenze für nachfolgende Stimuli. Es wird unter Umständen durch einen Stimulus stärker erschreckt werden, den es in anderen Situationen problemlos bewältigen kann.
3. Jedes Pferd hat seine eigenen Schwerpunkte bei Signalen in den einzelnen Kommunikationsgruppen. Es kann viele verschiedene Signale gleichzeitig oder hintereinander zeigen, oder vielleicht nur ein oder zwei.
4. Die Möglichkeit, ein bestimmtes Signal überhaupt geben zu können, spielt auch eine Rolle bei der Entspannung. Wenn sich ein Pferd auf der Weide erschreckt, kann es Wälzen als Übersprungsverhalten mit einer größeren Wahrscheinlichkeit zeigen, als wenn es unter dem Reiter ist. Ein gerittenes Pferd wird stattdessen vielleicht seinen Kopf am Vorderbein reiben oder eine wippende Kopfbewegung machen.
5. Übersprungsverhalten und Calming Signals sind die letzten Schritte auf dem Weg nach unten in die Entspannung hinein. Sie ermöglichen dem Pferd, das letzte bisschen an Stressbelastung loszuwerden.

3.18 KOMMUNIKATIONSLEITER: ENTSPANNUNG NACH STARKEM STRESS ODER SCHOCK

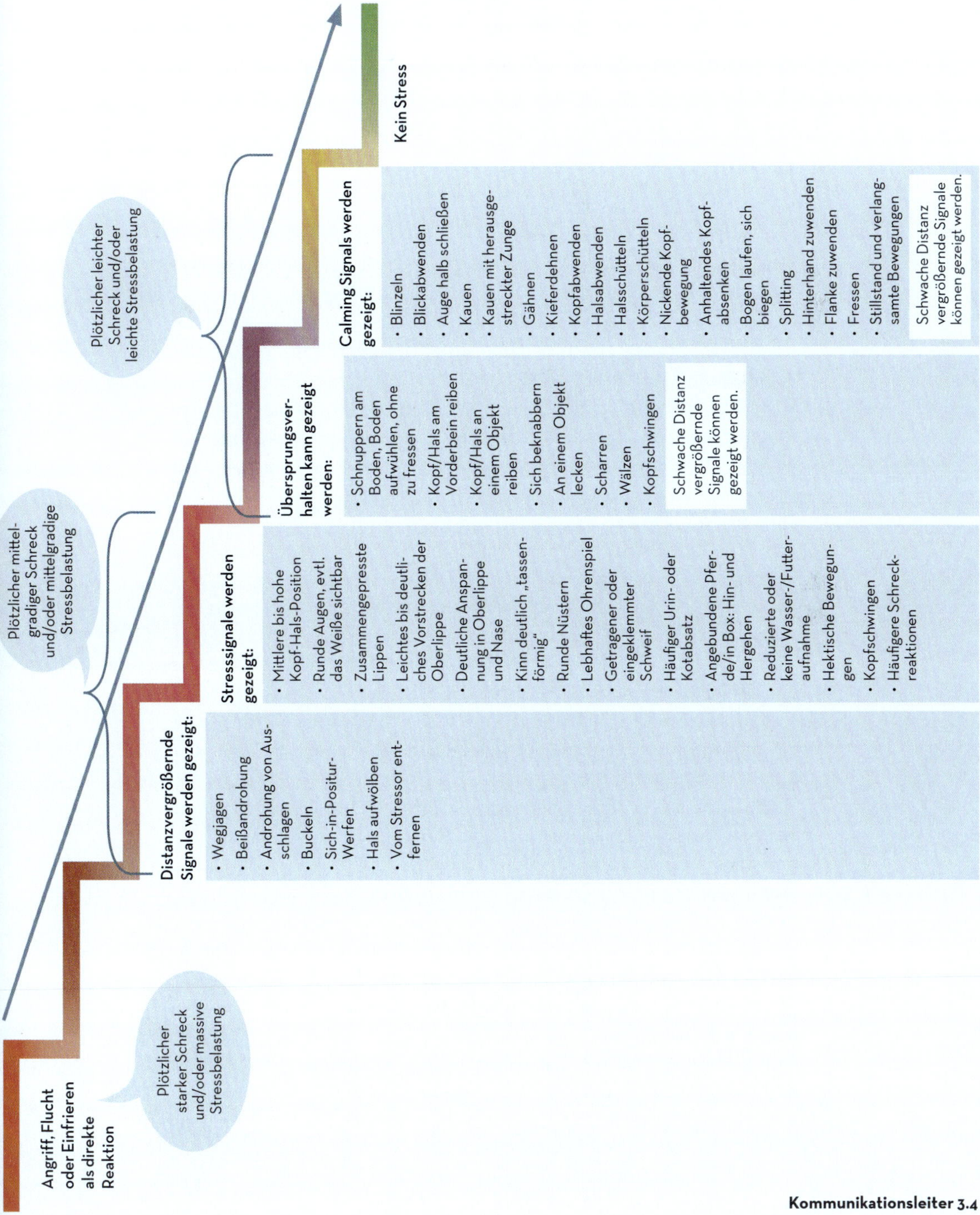

Zusammenfassung: Stressbelastung und Erholung

- Es ist wichtig, dass das Gehirn immer wieder neuen Stimuli ausgesetzt wird, um seine Plastizität beizubehalten. Das hält das Pferd psychisch fit. Ein gut geplantes Angebot an Reizen verbessert auch die Sozialisation des Pferdes sowie die generelle Gewöhnung und das Verständnis für die Welt um sich herum. Zu viele Stimuli gleichzeitig, mit denen das Pferd nicht klarkommen kann, führen zu einer verstärkten Stressbelastung. Kognitive Fähigkeiten sind bei einer starken Stressbelastung reduziert. Eine akute Stressbelastung kann sich zu einer chronischen Stressbelastung entwickeln.
- Chronischer Stress führt dazu, dass in der Hippocampusregion im Gehirn Neurone absterben. Das wiederum hat zur Folge, dass die kognitiven Fähigkeiten, die Impulskontrolle und vor allen Dingen die Lernfähigkeit des Pferdes schlechter werden. Dadurch wird eine stärkere Aktivität in der Amygdala ausgelöst mit dem Resultat von verstärkter Angst und aggressivem Verhalten. Chronischer Stress kann über eine gewisse Zeit zu einer Schwächung des Immunsystems und zu Depressionen führen.
- In der Intensität steigende Stimuli führen zu einer steigenden Stressbelastung. Diese wird auch ausgelöst durch plötzliche Ereignisse, die das Pferd nicht oder nicht gut vorhersehen kann. Ein typisches erstes Anzeichen einer steigenden Stressbelastung ist das Anheben des Kopfes auf eine mittelgradig hohe bis hohe Position und eine angespannte Muskulatur im gesamten Körper. Je stärker die Stressbelastung wird, desto runder werden die Augen und Nüstern; das Maul zeigt Veränderungen, z. B. indem sich die Lippen anspannen oder zusammenpressen, sich eventuell die Oberlippe leicht verlängert oder insgesamt die Lippen und die Nase eine andere Form annehmen. Das Kinn ist angespannt und wirkt tassenförmig. Der Schweif kann in einer Reihe von unterschiedlichen Positionen getragen werden, von leicht angehoben bis zu extrem angehoben oder eingeklemmt.
- Bei zunehmender Stressbelastung versucht das Pferd, die Distanz zum stressauslösenden Reiz zu vergrößern. Das erreicht es, indem es flieht oder indem es gegen den Stimulus agiert, also z. B. versucht, ihn zu verjagen, Beißen oder Ausschlagen androht, den Hals aufwölbt oder sich in Positur wirft. Der Zweck von solchem Verhalten ist nicht, einen Kampf zu starten oder Verletzungen zu verursachen. Wenn der Kommunikationspartner aber nicht adäquat darauf reagiert oder der Stimulus bzw. die Stressbelastung weiter zunimmt, kann das Pferd tatsächlich zu Angriff oder Flucht übergehen.
- Je intensiver Schock/Schreck und die Flucht- oder Angriffsreaktion war, desto länger braucht das Pferd, um sich zu erholen.

KAPITEL 4

DAS PFERD KOMMUNIZIERT NICHT

Kommunikation ist ein Prozess, in dem man mit sich selbst in Kontakt tritt, mit der Umgebung oder einzelnen Elementen aus der Umgebung, seien sie belebt oder unbelebt. Meine Untersuchungen haben neues Wissen über die Kommunikationssignale von Pferden erbracht. In den vorherigen Kapiteln habe ich diese ausführlich beschrieben.

Aber Pferde reagieren nicht auf jeden Stimulus in ihrer Umwelt. Reaktionen sind abhängig vom Pferd und der jeweiligen Situation, den Lernerfahrungen und womit das Pferd überhaupt umgehen kann. Ich habe auch Situationen gesehen, in denen Pferde nicht kommuniziert haben. Dafür kann es eine Reihe von Ursachen geben:

1. Die Pferde waren nicht an mir oder einer möglichen Kommunikation interessiert.
2. Das Pferd hat keine Interaktion/Kommunikation benötigt. Es konnte die Situation selbstständig bewältigen.
3. Anstelle von Kommunikationssignalen wurden erlernte Gewohnheiten gezeigt.
4. Das Pferd wurde an der Kommunikation gehindert.
5. Das Pferd hat sich mental abgeschottet und stereotype Verhaltensmuster gezeigt.

4.1. KEIN INTERESSE

Man reagiert nicht auf einen Stimulus, der einen nicht interessiert

In so einer Situation fährt man einfach mit dem fort, was man gerade tut. Das kann z. B. passieren, wenn ein Pferd in einen Paddock mit frischem, hohem Gras gebracht wurde. Es beginnt zu fressen, sieht oder hört einen Stimulus, grast aber ohne erkennbare Reaktion weiter. Natürlich handelt es sich dabei um einen Reiz, den das Pferd kennt, mit dem es umgehen kann und der es höchstens minimal erregt. Wenn das Pferd grast und es passiert irgendetwas außerhalb seiner Komfortzone, dann wird das Pferd darauf auch reagieren.

Wir Menschen kennen so etwas auch: Sitzen wir mit einem Freund draußen in einem Café, kommunizieren wir nicht mit Passanten und die Passanten kommunizieren nicht mit uns. Wir sind entspannt. In dieser Situation haben beide Parteien kein Interesse an Interaktion und Kommunikation.

Der Stimulus ist so normal, dass keine Reaktion nötig ist

Ein Pferd, das über Jahre auf einem Paddock gestanden hat, an dem ein Wanderweg entlangführt, hat so viele verschiedenartig aussehende Personen vorbeilaufen sehen, dass es auf eine neue Person nicht mehr reagiert. Es grast einfach weiter. Schaut es doch einmal, ist es dabei entspannt: Es zeigt eine mittelgradig hohe Kopf-Hals-Position, nach vorn gestellte Ohren, mandelförmige Augen, längliche Nüstern und ein entspanntes Maul, bei dem die Unterlippe vielleicht etwas gegenüber der Oberlippe hervorsteht. Man sieht weder angespannte Muskeln am Körper noch Anspannung im Gesicht.

Ähnliches kann man beobachten, wenn ein Pferd gesattelt wird und damit überhaupt kein Problem hat: Es steht still und entspannt. Vielleicht bewegt es ein Ohr, folgt damit dem Reiter, aber es beobachtet auch ruhig seine Umwelt. Das Gesicht ist entspannt, die Augen sind ruhig und mandelförmig, die Nüstern lang, die Lippen locker.

Die Kommunikationsleiter auf der nächten Seite beschreibt den Ablauf, wenn eine Situation/ein Stimulus keine Kommunikation auslöst oder verlangt.

4.2 KOMMUNIKATIONSLEITER: KEINE KOMMUNIKATION

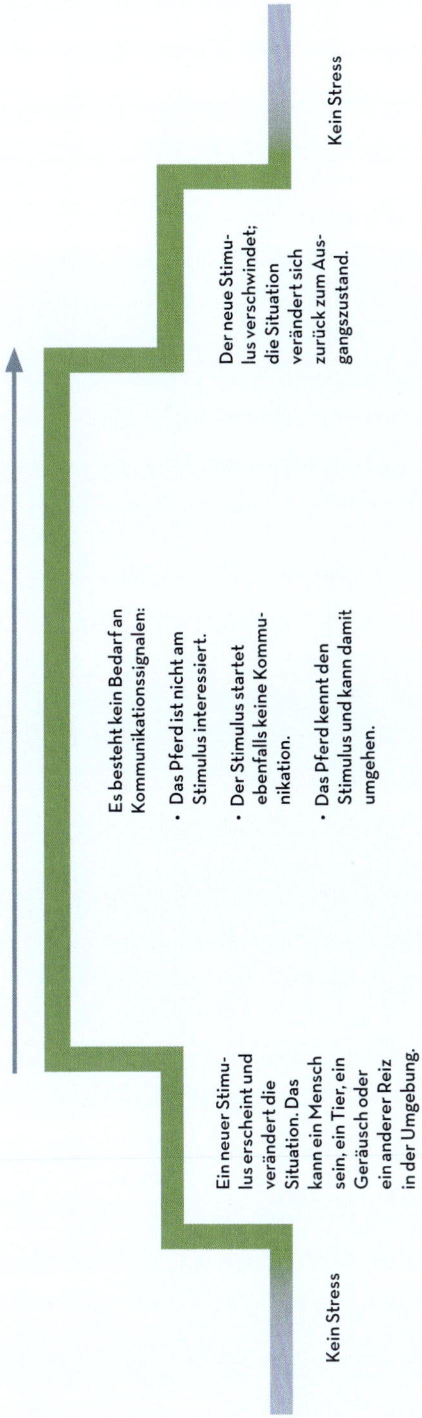

Kommunikationsleiter 4.1

4.3 ERLERNTE GEWOHNHEIT

Es gibt Situationen, in denen Pferde nicht mit Menschen kommunizieren, weil eine erlernte Gewohnheit die natürlichen Kommunikationssignale ersetzt. Das Pferd kann sich diese erlernte Gewohnheit selbst beigebracht haben, weil vielleicht das Ergebnis dieses Verhaltens für das Pferd belohnend war. Oder der Trainer hat dem Pferd einen Trick beigebracht, der das natürliche Verhalten in der entsprechenden Situation ersetzte.

Nach dem Reiten bekommt das Pferd Futter in seinen Trog. Der Besitzer lässt das Pferd vorher jedes Mal ein Vorderbein heben, quasi als „High Five". Wenn das Pferd dies gemacht hat, bekommt es auch sein Futter. Nach einiger Zeit hat das Pferd die Übung verstanden. Es wird sich jetzt mit einem Vorderbein in der Luft hinstellen, bis das Futter geliefert wird. Wenn dies zu lange dauert, kann es das Vorderbein absetzen, wieder anheben, und so einige Wiederholungen zeigen – und dabei auf den Trog starren. In dieser Situation hat das erlernte Verhalten, und unter Umständen die damit assoziierte Stressbelastung, das natürliche Kommunikationsverhalten ersetzt oder es wechselt sich mit ihm ab. Mögliche Stresssignale, die parallel gegeben werden, wenn das Futter nicht schnell genug kommt, sind allerdings auch natürliche Kommunikationssignale.

4.4 DIE KOMMUNIKATION WURDE VERHINDERT

Es ist möglich, dass der Mensch das Pferd daran hindert, Kommunikationssignale zu zeigen – besonders beim Reiten. Reiter können z. B. intervenieren, wenn ein Pferd den Kopf absenken, ein Kopfabwenden oder Halsabwenden zeigen möchte. Wenn sich ein Pferd vorsichtig einem unbekannten Objekt annähern möchte, wendet es eventuell erst einmal die Hinterhand zu, dann die Flanke, dann bewegt es sich bogenförmig auf das Objekt zu. Vielleicht macht es zwischendurch Pausen. Reiter wählen für die Annährung in der Regel eine andere Taktik: Sie reiten gradewegs auf das Objekt zu. Daraus kann eine Unterbrechung in der Kommunikation resultieren. Das Pferd ist nicht darauf vorbereitet, sich dem Objekt direkt anzunähern. Das erhöht die Angst und kann in Fluchtverhalten münden.

4.5 RÜCKZUG UND STEREOTYPE VERHALTENSMUSTER

Shut-down: Abschalten und mentaler Rückzug

Eine andere Form der Nicht-Kommunikation mit einem Stimulus ist es, wenn das Pferd sich in sich selbst zurückzieht und sich gegenüber dem Stimulus komplett abschottet. Es „schaltet ab“ und geht in den mentalen Rückzug. Dies kann passieren, wenn der Reiz gerade aufgetreten ist, es kann aber auch passieren, dass ein Pferd unter bestimmten Umständen oder bei einer bestimmten Tätigkeit aufgrund schlechter Erfahrungen in der Vergangenheit in den Shut-down-Modus geht.

Das Abschalten ist keine direkte Reaktion auf den Reiz, der jetzt vorhanden ist. Es ist vielmehr eine gewohnheitsmäßige Reaktion auf einen Reiz, mit dem das Pferd in der Vergangenheit nicht umgehen konnte und in dessen Folge es einen Bewältigungsmechanismus entwickelt hat, den es immer noch anwendet, auch wenn der Reiz, der ihn ausgelöst hat, längst verschwunden ist.

Beim Stillstand während eines extremen Shut-downs hält das Pferd den Kopf horizontal oder mittelgradig niedrig bis niedrig. Die Augen sind halb geschlossen. Die Ohren können in jeder Position stehen, typischerweise sind sie etwas zur Seite oder nach hinten gedreht. Diese Augen- und Ohrposition kann für eine kürzere oder längere Zeit gehalten werden. Das Pferd zeigt sehr wenig bis gar keine mimischen Auffälligkeiten. Es reagiert überhaupt nicht auf Stimuli aus der Umgebung oder nur minimal und dann auch verlangsamt.

Hinweis: Diese Körperstellung kann bei einem schlafenden oder dösenden Pferd ähnlich aussehen und natürlich kann es sein, dass das Pferd genau das gerade macht. Nehmen Sie sich Zeit und beobachten Sie Ihr Pferd. Vergleichen Sie es mit anderen Pferden in ähnlichen Situationen, die mit dem entsprechenden Stimulus umgehen können und entspannt sind. Solche Pferde betrachten die Welt ruhig, so, als ob sie fernsehschauen. Sie sind in Kontakt mit ihrer Umgebung. Sie haben eine horizontale oder mittelgradig hohe bis hohe Kopf-Hals-Position. Sie blicken sich um und bewegen ihre Ohren im Einklang mit der Situation. Es scheint eine gesunde Balance zwischen Spaß an und Kontakt mit der Umwelt zu geben. Diese Pferde bewältigen die Anforderungen, die man an sie stellt und kommen mit der Situation, in der sie sind, klar.

Erlernte Hilflosigkeit: nicht auf eigenen Füßen stehen

Es ist wichtig zu erkennen, ob ein Pferd abschaltet. Wir übersehen das leicht, denn das Pferd kann dabei ruhig und gehorsam wirken. Weil diesen Pferden nicht beigebracht wurde, mit einem problematischen Stimulus umzugehen oder weil sie in der Vergangenheit für bestimmte Verhaltensweisen bestraft wurden, sind sie davon abhängig, dass der Mensch sie aus der Problemsituation herausführt. Sie haben keine eigenen Bewältigungsstrategien, um schwierige Situationen zu meistern. Selbst wenn sie die Möglichkeit hätten, aktiv ihre Stressbelastung zu senken, tun sie es nicht. Solches Verhalten wird als „erlernte Hilflosigkeit" bezeichnet.

Info

Erlernte Hilflosigkeit bedeutet, dass das Tier gelernt hat, als Antwort auf einen Stressor passiv zu bleiben.

Zu Beginn zeigen diese Tiere noch Ansätze von Kommunikation oder versuchen zu fliehen. In meinen Beobachtungen außerhalb des Rahmens dieser Untersuchungen waren die Pferde sehr angespannt und ließen starke Kommunikationssignale erkennen. Aber sie hatten keinen Erfolg damit und konnten dem Stressor nicht entkommen. So lernten sie, passiv zu bleiben. Werden sie später mit einem Stressor konfrontiert, dem sie eigentlich entkommen könnten, wird es die Mehrheit dennoch nicht tun. [1,2] Passivität ist das vorrangige Reaktionsmuster geworden.
Nach meinen Beobachtungen variiert der Grad, in dem ein Pferd im Laufe der Zeit Signale gibt, ehe es in den Shut-down gerät. Einige Pferde zeigen sehr viele Stresssignale, andere wenige oder schwache Calming Signals oder extrem schwache Flucht- oder Angriffsreaktionen, bevor sie abschalten. Abhängig von der Intensität des Stimulus und auch der Zeit, die der Stimulus besteht, abhängig von der Gesundheit des Pferdes und seinen Vorerfahrungen kann dieses Abschalten eine längere oder kürzere Zeit andauern.

Erlernte Hilflosigkeit kann auch das Resultat von „Flooding" sein, einer Reizüberflutung. Dies ist eine Therapieform, bei der Menschen oder auch Tiere massiv dem Angst auslösenden Stimulus ausgesetzt werden. Dieser Stimulus ist in der „Therapie-Sitzung" permanent in voller Stärke vorhanden und es gibt keine Möglichkeit, ihm zu entkommen. Beim Menschen kann Flooding

erfolgreich sein. Es hilft ihm, sich an den Stressor zu gewöhnen, da er die Erfahrung macht, dass „es" doch nicht so gefährlich ist wie immer angenommen. Dasselbe mit einem Tier zu versuchen, ist keine gute Idee. Meiner Meinung nach besteht ein großer Unterschied zwischen einer Floodingtherapie beim Menschen und Tieren: Menschen wissen vorher, was sie erwartet, und können frei entscheiden, ob sie teilnehmen möchten oder nicht. Außerdem findet das Flooding meistens in einer Eins-zu-eins-Begleitung durch einen Therapeuten statt.
Pferde haben keine Wahl, es gibt keine Erklärungen oder eine therapeutische Begleitung, die sie verstehen könnten. Zusätzlich sind sie oft nicht lange genug in der angstauslösenden Situation, um überhaupt lernen zu können, dass sie gar keine Angst haben müssen. Ihr Stresslevel geht durch die Decke und ihre Assoziation mit der Gesamtsituation ist absolut negativ. Ich denke, Flooding sollte nicht bei Tieren angewandt werden. Ich bin mir darüber im Klaren, dass viele domestizierte Pferde jeden Tag Flooding ausgesetzt werden, oft genug gedankenlos, z. B. wenn ein Pferd, das noch nie außerhalb seines Paddocks war und Angst vor verschiedenen Reizen hat, ohne vorheriges Training auf ein Turnier oder eine Messe mitgenommen wird.

Zum Glück wird Flooding immer weniger als Trainingstechnik eingesetzt. Ich sehe zunehmend Menschen, die für das generelle Training oder das Reiten nach Alternativen suchen, in denen das Pferd nicht einer hohen Stressbelastung ausgesetzt wird. Ich begrüße dieses gestiegene Bewusstsein für das Wohlbefinden der Pferde, denn erlernte Hilflosigkeit kann sichtbar und unsichtbar sein. Denken Sie an ein Pferd, das permanent mit Sporen bearbeitet wird und durch ein scharfes Gebiss und grobe Zügeleinwirkung Schmerzen im Maul hat. Das stellt eine extrem starke Stressbelastung dar, der das Pferd nicht entkommen kann. Oder denken Sie an das Fohlen, das am Pfosten angebunden wird und lernen muss, dass es keinen Sinn hat, sich zu wehren, dass Flucht unmöglich ist. Es bleibt angebunden, bis es irgendwann aufgibt.

Erlernte Hilflosigkeit ist nicht einfach nur Passivität. Dieser Zustand hat eine direkte Auswirkung auf das Gehirn und den Körper. Wie in den Fällen von zu oft erfolgtem akutem und letztendlich chronischem Stress hat es einen negativen Effekt auf die kognitiven Fähigkeiten und die Gedächtnisbildung. Erlernte Hilflosigkeit erhöht die Wahrscheinlichkeit, dass ein Pferd stereotype

Verhaltensmuster entwickelt oder in eine Depression fällt. Es reduziert die Motivation, sich überhaupt mit neuen Stimuli auseinanderzusetzen. Es besteht die ernste Gefahr, dass sich das Pferd mit der Zeit an Schmerzreize gewöhnt und die Schwelle, ab der es auf Schmerzen reagiert, ansteigt[2].

Stereotype Verhaltensmuster

Stereotype Verhaltensmuster sind eine weitere Möglichkeit abzuschalten und nicht mehr länger mit Stimuli zu kommunizieren oder darauf zu reagieren. Wie schon erwähnt handelt es sich hier um Verhaltensmuster, die rhythmisch mit einer hohen Wiederholungsrate gezeigt werden. Beispiele sind Weben, Koppen oder Kopfschlagen.

Die Pferde, die ich bei stereotypen Verhaltensmustern beobachtet habe, praktizierten diese schon über Jahre. Sobald Stress aufkam, haben sie nur ein oder zwei Calming Signals gezeigt und gingen dann zügig zum stereotypen Verhalten über. Ich kann mir vorstellen, wie stereotype Verhaltensmuster so eine effektive Bewältigungsstrategie werden können, dass das Pferd sie bei Stress sofort anwendet. Es ist ein bisschen wie ein Schnuller für ein Kind. Ich vermute, das Pferd hat in der Vergangenheit in entsprechenden Situationen erfolglos Calming Signals oder Stresssignale ausprobiert.

Ich habe auch stereotype Verhaltensmuster gesehen, die sehr wahrscheinlich in der Vergangenheit aktiv von außen belohnt wurden – vielleicht, weil der Besitzer unbewusst auf das Pferd reagiert hat und diese Reaktion für das Pferd angenehm war. Vielleicht hat der Besitzer auch bewusst belohnt, mit Sozialkontakt oder einem Leckerli. Das Pferd zeigte dann die stereotypen Verhaltensmuster, wenn es ein Leckerli erwartet, aber noch nicht bekommen hat. Ein gelerntes stereotypes Verhalten, das zur Gewohnheit geworden ist, ist es z. B., wenn ein Pferd seine Zunge aus dem Maul streckt und dann den Kopf seitlich hin und her bewegt, sodass die Zunge hin und her „klappt".

Depression

Traurigerweise werden einige Pferde in Lebensumständen gehalten, in denen sie kein natürliches Verhalten zeigen können. Hierfür gibt es alle möglichen unschönen Beispiele: Die Pferde haben keinen Kontakt mit anderen Pferden oder kommen nie auf die Weide. Manche Pferde haben überhaupt keine Wahlmöglichkeiten und andere eine sichtbare oder unsichtbare Verletzung, die nicht behandelt wird. Fehlendes Wasser oder Futter, fehlender Witterungsschutz oder die psychische und physische Überforderung im Training sowie Strafen sind weitere Beispiele. Die Liste ist lang, und besonders Pferde leiden stumm. Die Körperhaltung, die ich beschrieben habe, wenn ein Pferd im „Shut-down" ist, kann sehr lange beibehalten werden. Ich habe derartige Verhaltensweisen dann als Ausdruck einer Depression bezeichnet.

Wahlmöglichkeiten

Es ist wichtig, zu verstehen, dass domestizierte Pferde in einer kontrollierten Umgebung leben. Als Reiter und Trainer beeinflussen wir ihre Welt. Wir können entscheiden und dem Pferd ein artgerechtes Leben ermöglichen: ein Stall mit sozialen Kontakten, mit genug Auslauf und ausreichend Futter und Wasser. Wir können sein Training so gestalten, dass das Pferd keine Schmerzen erleidet. Wir können ihm Wahlmöglichkeiten lassen und mit ihm spielen, um ihm Freude am Leben zu ermöglichen und Depressionen zu vermeiden. Das Gehirn ist plastisch. Abschalten, erlernte Hilflosigkeit und Depression müssen nicht der Status quo für ein Pferd sein, Sie können es ändern! Die Tipps in Kapitel 5 zeigen Ihnen wie.

Wenn Ihr Pferd als Reaktion auf einen Stimulus in einen Shut-down-Modus geht, gibt es verschiedene Möglichkeiten, wie es da wieder herauskommen kann. Es kann sein, dass der bewusste Stimulus von alleine verschwindet. Es kann auch sein, dass sich das Pferd nach einer gewissen Zeit an den Stimulus gewöhnt und damit umgehen kann. Vielleicht hat das Pferd auch einen geschickten Menschen, der ihm aus der Situation heraushilft. Hilft er ihm darüber hinaus, sich an diesen Stimulus zu gewöhnen, macht dies das Pferd unabhängiger und gibt ihm mehr Freiheit, sich für bestimmte Dinge zu entscheiden. Dann muss es nicht abschalten, weil es mit der Situation umgehen kann.

Die Kommunikationsleiter 4.2 verdeutlicht den Ablauf.

4.6 KOMMUNIKATIONSLEITER: MENTALER RÜCKZUG

Kein Stress

Ein Stimulus erscheint und Stress entwickelt sich.

Das Pferd setzt Calming Signals ein, um sich zu entspannen und den Stimulus zu beschwichtigen:

- Blinzeln
- Blickabwenden
- Auge halb schließen
- Kauen
- Kauen mit herausgestreckter Zunge
- Gähnen
- Kieferdehnen
- Kopfabwenden
- Halsabwenden
- Halsschütteln
- Körperschütteln
- Nickende Kopfbewegung
- Anhaltendes Kopfabsenken
- Bogen laufen, sich biegen
- Splitting
- Hinterhand zuwenden
- Flanke zuwenden
- Fressen
- Stillstand und verlangsamte Bewegungen

Manchmal sind auch Stresssignale und schwache Distanz vergrößernde Signale zu sehen.

- Wegjagen
- Beißandrohung
- Vom Stressor entfernen

Zunächst sieht man hohe Stressbelastung und intensive Kommunikationssignale, während das Pferd versucht, die Situation zu verändern.

- Verjagen
- Beißdrohung oder Beißen
- Androhung von Ausschlagen oder Ausschlagen
- Buckeln
- Vom Stressor entfernen

Das Pferd zieht sich in sich selbst zurück, wenn es keine Möglichkeit hat, dem Stressor zu entkommen oder wenn das Pferd in der Vergangenheit gelernt hat, in solchen Situationen passiv zu werden.

- Es werden keine (weiteren) körperlichen Reaktionen auf Anreize aus der Umwelt gezeigt.
- Das Pferd probiert keine weiteren aktiven Verhaltensreaktionen aus.
- Es zeigt keine Kommunikationssignale mehr.
- Eventuell beginnt das Pferd mit stereotypen Verhaltensmustern wie Weben, Koppen oder Kopfschlagen.

Wenn das Pferd stillsteht:

- Kopf und Hals werden extrem tief getragen; das Pferd schottet sich ab.
- Die Augen sind halb geschlossen.
- Beide Ohren sind seitlich oder nach hinten gedreht.
- Es ist kaum Mimik zu sehen.
- Es bestehen Gesundheitsrisiken.

Die Stressbelastung lässt nach, weil der Stressor verschwindet (nicht, weil das Pferd durch sein aktives Verhalten dafür verantwortlich ist). Dadurch kann das Pferd mit der Situation wieder umgehen.

Die Stressbelastung lässt nach, wenn man das Pferd aus der Situation herausnimmt.

In Einzelfällen lässt der Stress auch nach, weil das Pferd über einen gewissen Zeitraum lernt, mit der Situation umgehen.

Kein Stress

Kommunikationsleiter 4.2

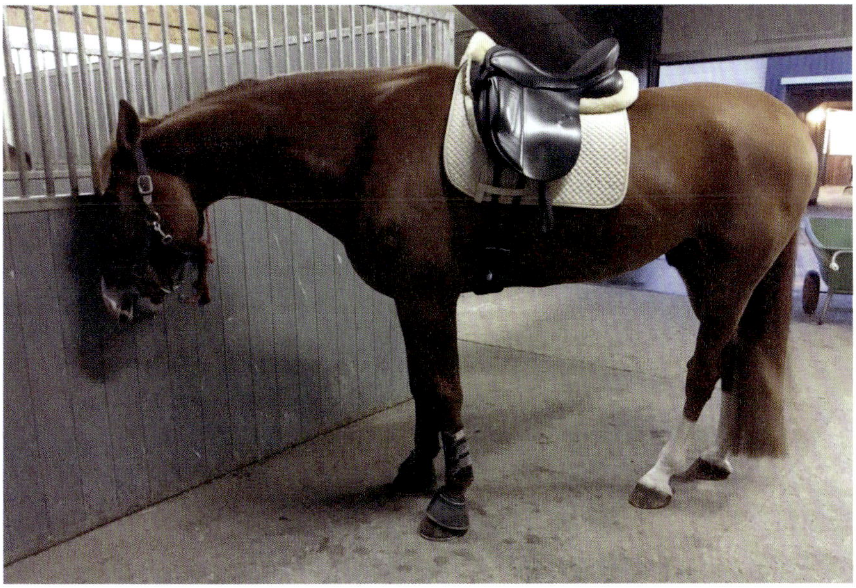

4.1 Ein Pferd schottet sich mental ab.

Zusammenfassung: keine Kommunikation

— Es gibt viele Gründe, warum Pferde nicht kommunizieren.

— Es kann sein, dass ein Pferd nicht an einer Kommunikation mit einem anderen Objekt oder einem bestimmten Stimulus interessiert ist. Es kann auch sein, dass Kommunikation nicht nötig ist, weil es die Situation ohne Kommunikation bewältigen kann. Neue erlernte Gewohnheiten können natürlicherweise gezeigte Kommunikationselemente ersetzen. Es ist auch möglich, dass das Pferd daran gehindert wird, Kommunikationselemente zu zeigen.

— Als Reaktion auf einen Umweltstimulus kann das Pferd sich gegenüber der Umwelt mental abschotten (Shut-down, Bild 4.1).

— Ein Pferd, das mit Umweltstimuli nicht klarkommt, kann auch stereotype Verhaltensmuster zeigen.

KAPITEL 5

CALMING SIGNALS ANWENDEN: SO HELFEN SIE IHREM PFERD

In diesem Kapitel zeige ich, wie Sie Calming Signals anwenden. So können Sie Ihr Pferd besser verstehen, sozialisieren und ausbilden. Meine Tipps sind hilfreich für jeden, der mit Pferden zu tun hat. Wenn Sie aber feststellen, dass Ihr Pferd Schmerzen oder Angst hat und für Sie und/oder Ihr Pferd ein Verletzungsrisiko besteht, konsultieren Sie einen Verhaltensexperten und einen Tierarzt (um Gesundheitsprobleme auszuschließen). Mein Buch ersetzt diese Experten nicht, es zeigt die Grundlagen für den Umgang mit Pferden.

Die ideale Situation

Viele Pferdefreunde beschreiben die ideale Bindung mit ihrem Pferd so: „Ich möchte in der Lage sein, problemlos mit dem Pferd zu kommunizieren. Ich möchte mein Pferd verstehen und es soll mich verstehen und deshalb das machen, was ich von ihm möchte.“ Diese Vorstellung beinhaltet zwei wichtige Elemente: Die Person als fordernde Partei und das Pferd als handelnder Untergebener.

Sich darüber Gedanken zu machen, wie viele Rechte und Wünsche einem Pferd im Verhältnis zum Menschen zugestanden werden sollten, erscheint wie eine philosophische Frage, aber es ist im Grunde sehr viel mehr. Wenn Sie sich über die Rechte und Wünsche Ihres Pferdes Gedanken machen, hat das eine direkte praktische Konsequenz und einen direkten Einfluss auf das

Wohlbefinden Ihres Pferdes. Es beeinflusst den täglichen Kontakt mit Ihnen und anderen Personen, seine Fähigkeit zu lernen und seine psychische und physische Gesundheit. Was braucht Ihr Pferd? Was gestehen Sie ihm zu? Bekommt es genug Futter und Wasser? Ist ihm kalt oder warm? Hat es Kontakt zu anderen Pferden? Geht es mit ihnen zusammen auf die Weide? Hat es genügend Zeit zu ruhen und kann es sich dabei wirklich entspannen? Ist das Pferd überhaupt in der Lage, zu zeigen, was Sie von ihm möchten, psychisch und physisch? Hat es genug Möglichkeiten, eigene Entscheidungen zu treffen?

Je mehr die Bedürfnisse des Pferdes berücksichtigt werden, desto besser wird seine psychische und physische Gesundheit sein.

5.1 DIE KOMMUNIKATIONSLEITER ALS HILFSMITTEL

Wenn Sie für ein Pferd verantwortlich sind, achten Sie darauf, dass das Pferd gesund ist, weder hungrig noch durstig, dass es einen geschützten Bereich hat, mindestens für ein paar Stunden am Tag auf die Weide kann und Kontakt mit anderen Pferden hat, mit denen es auch sozial gut auskommt. Zumindest denke ich, dass Sie für all diese Dinge sorgen. Ein Pferd sollte Wahlmöglichkeiten haben, um Selbstbestimmung zu erleben. Aus Trainingssicht muss das Pferd so angeleitet werden, dass es keine Schmerzen oder Angst erfährt und verstehen kann, was Menschen von ihm wollen. Es sollte keine Angst vor der Umwelt haben, in die wir es gestellt haben, und in der Lage sein, mit Umweltstimuli umzugehen, ohne dass Menschen ihm helfen müssen. Das ist mein Ziel für jedes Pferd, unabhängig von seiner physischen und psychischen Gesundheit oder dem Trainingsstand, es gilt vom Shetlandpony hinter dem Haus bis zum Olympiapferd.

Ein Pferd, dessen Bedürfnisse gestillt werden, das ein gutes Verhältnis zu seinem Menschen hat und physisch und psychisch in der Lage ist, das gewünschte Verhalten zu zeigen, ist kooperativ, aufmerksam und neugierig. Wenn Sie Ihr Pferd aber als „dickfellig“ oder „wütend“ bezeichnen, dann hat es ein Problem. Es ist stigmatisiert, und bekommt deshalb oft keine Hilfe. Man geht von diesem Etikett aus und lässt es schmoren – oder schlimmer: Man bestraft es für das unerwünschte Verhalten. Das ist dann ein Status quo, bei dem das Pferd das Problem ist und nicht der Mensch. Aus meiner Sicht ist es eine verpasste Gelegenheit. Ein Pferd, das als wütend oder dickfellig beschrieben wird, steht unter zunehmender Stressbelastung. Es wird all die Signale zeigen, die ich zuvor beschrieben habe.

Jedes Pferd verdient es, dass es sein eigenes Leben und die Forderungen, die man ihm stellt, kontrollieren kann. Und das ist der Grund, warum es für Sie als Reiter oder Trainer so wichtig ist, die individuelle Mimik und das Verhalten Ihres Pferdes zu kennen. Betrachten Sie die Kommunikationsleitern und die Verhaltensweisen, die detailliert beschrieben wurden. Machen Sie sich eine Liste, welche Verhaltensweisen Ihr Pferd in welchen Kontexten zeigt. Manchmal müssen Sie dazu gedanklich einen Schritt zurückgehen und Ihr Pferd von einem neuen Blickwinkel aus betrachten.

Übung

Manchmal achtet man gar nicht mehr auf die Mimik des Pferdes und was es damit aussagen möchte, weil man sich so daran gewöhnt hat. Eine gute Übung ist es, andere Pferde in entspannten Situationen auf der Weide zu beobachten. Dann erkennen Sie genau den Gesichtsausdruck, den Sie bei Ihrem Pferd auch sehen möchten.

Sie werden sehr viel besser in der Lage sein, mit Ihrem Pferd umzugehen, wenn Sie erkennen, wann seine Stressbelastung ansteigt und nachlässt und welche Stimuli dafür verantwortlich sind. Machen Sie sich Gedanken über den Charakter Ihres Pferdes. Überlegen Sie, was Ihr Pferd möchte, was seine Motivation ist, was es als wichtig erachtet, was es mag oder nicht mag, was es gern frisst oder nicht so gerne frisst. So können Sie diese Aspekte bei der Zusammenarbeit mit Ihrem Pferd berücksichtigen.

Es ist sehr hilfreich, Videoaufnahmen von Ihrem Pferd zu machen. Oft sagten Menschen, die mir Videos schickten: „Ich sende hier das Video, aber es passiert eigentlich nichts darauf.“ Wenn diese Menschen ihre Videos später am Computer ansahen, konnten sie sehr viel mehr Signale erkennen als beim Filmen. Nicht, weil diese Signale vorher nicht da waren oder weil ich sie ihnen in der Zwischenzeit erklärt hatte, sondern weil die Menschen nicht länger Bestandteil der Situation waren. Sie konnten die Beobachterposition einnehmen und die Szenen aus mentaler Distanz betrachten.

Wann wird Beobachten zu einer wirklichen Herausforderung? Wenn das Pferd in einem sehr schnellen Tempo Motivation, Emotionen und die dazugehörige Stressbelastung ändert. Dies führt zu einer wechselnden Repräsentation auf der Kommunikationsleiter. Sie können das z. B. sehen, wenn Ihr Pferd durch mehrere Faktoren in der Umwelt stimuliert wird, die gleichzeitig oder hintereinander auftreten.

Ein Pferd ist in der Stallgasse angebunden, in der Nähe steht eine Putzkiste. Der Mensch ist neben dem Pferd. Dann werden einige Pferden aus ihren Boxen geführt, eines nach dem anderen durch die Stallgasse. Sie gehen am Pferd und seinem Menschen vorbei: Ein Mädchen und ihr Tinker, das angebundene Pferd, zeigt eine Reihe von Calming Signals, der Tinker geht weiter. Das angebundene Pferd macht einen Schritt hinter dem Tinker her, wird aber durch den Strick gestoppt. Es zeigt Übersprungsverhalten und dann Calming Signals. Ein Junge geht mit seinem Shetlandpony vorbei. Das angebundene Pferd zeigt Calming Signals. Es macht wieder ein paar Schritte in Richtung des Shetlandponys, wird erneut durch den Strick gestoppt und geht einen Schritt zur Seite. Dabei tritt es gegen die Putzkiste und zeigt Stresssignale.

Ihr Pferd kann eine Reihe von körpersprachlichen Signalen zeigen, wenn es in eine neue Umgebung gebracht wird, die für wechselnde Stressbelastung sorgt, z. B. wenn ein Pferd auf einen neuen Paddock gestellt wird, einen Stallwechsel erlebt oder eben in der Stallgasse zum Putzen angebunden wird. In unseren Augen hat dabei nichts Dramatisches stattgefunden, kein umfallender Besen, kein rennendes Kind (obwohl solche Reize auch anwesend sein können). Es ist die neue Umgebung selbst, in ihrem „neutralen" Zustand, die beim Pferd wechselnde mentale Befindlichkeiten auslöst.

Ambivalentes Verhalten bedeutet, dass das Pferd im Wechsel Verhalten aus verschiedenen Stufen der Kommunikationsleiter zeigt und auch, dass zwei verschiedene Verhaltenssysteme gleichzeitig aktiviert sind. Für jedes dieser Verhaltenssysteme gibt es ein eigenes Ziel und eine entsprechende Motivation. Die Verhaltensweisen aus diesen zwei Systemen können gleichzeitig oder nacheinander gezeigt werden. Zum Beispiel kann ein Pferd eine leichte Stressbelastung erfahren, wenn es sich einem unbekannten Objekt annähert. Das Ziel wäre, mehr Informationen darüber zu bekommen (und dafür müsste es sich annähern). Es kann zur Seite hüpfen und das Ziel Flucht steht im Vordergrund und parallel eine stärkere Stressbelastung. Dann erholt sich das Pferd etwas und nähert sich dem Objekt eventuell wieder an und so weiter.

Ein anderes Beispiel:
Vosje ist mit drei anderen Pferden auf die Weide gestellt worden. Er hatte einige Stunden lang nichts gefressen, und beginnt sofort zu grasen. Dann wird Lorain, eines der drei Pferde, von der Weide geholt. Vosje stellt sich an das Gatter, durch das sie geführt wurde, und wiehert ihr hinterher. Er zeigt dabei eine leichte bis mittlere Stressbelastung. Nach zehn Sekunden geht er vom Gatter weg und beginnt wieder zu grasen. Die Stressbelastung lässt nach. Seine Motivation ist es zu fressen, und sich unter Umständen dadurch auch zu entspannen. Nach einer kleinen Weile geht er wieder Richtung Gatter, zeigt eine leichte Stressbelastung und beginnt erneut zu wiehern.

In diesem Szenario hat Vosje zwei Ziele: zusammen mit Lorain zu sein und zu fressen. Diese Ziele alternieren, und parallel auch die damit zusammenhängende Stressbelastung. Sie kann sich in dieser Szene in zwei Richtungen entwickeln: Lorain könnte zu lange weg sein, und Vosje kann damit unter Umständen nicht umgehen, sodass seine Stressbelastung wieder zunimmt. In diesem Fall wird er die entsprechenden Stresssignale zeigen. Es kann aber auch sein, dass Vosjes Stressbelastung nachlässt und er einfach weiter grast und entspannt ist. Möglich ist auch, dass sich Emotionen und Motivation und damit Stressbelastung und Entspannung abwechseln, bis Lorain wiederkommt. Das würde bedeuten, dass Vosje Verhaltensweisen aus wechselnden Stufen der Kommunikationsleiter und in wechselnder Ausprägung zeigt.

5.2 PLANUNG UND MANAGEMENT

Im Gehirn wird jeder gelernte Stimulus eins zu eins mit einem emotionalen Zustand abgespeichert (assoziiert)[1]. Wenn der Stimulus positive Qualitäten hat, wird er auch mit einem positiven emotionalen Zustand verknüpft. Ein negativer Stimulus ist verknüpft mit einer negativen Emotion. Sinnvollerweise gestalten wir eine Lernumgebung für unser Pferd, in der es positive emotionale Verknüpfungen abspeichern kann. Das führt zu mehr Selbstsicherheit und Sicherheit im Zusammenhang mit Menschen, dem Trainingsprogramm und der Umwelt, in der das Pferd lebt. Es dient dem Wohlbefinden des Pferdes und fördert die Kooperationsbereitschaft.

Man muss Trainingssituationen und Trainingsumgebungen planen und organisieren, um eine positive Lernumgebung zu gestalten. Machen Sie sich einen Plan, der von vorn bis hinten durchdacht ist. Überlegen Sie vorab, mit welchen Stimuli Sie es im Training zu tun haben werden oder könnten. Dies erlaubt Ihnen zu beurteilen, ob die Trainingssituation passend zum physischen und psychischen Zustand Ihres Pferdes ist. Denken Sie auch darüber nach, welche Dinge ungeplant eintreten können und welche Konsequenzen dies haben kann. Überlegen Sie dann, ob Sie Ihren Plan ändern oder eine Hintertür einbauen sollten.

Zu wissen, womit das Pferd umgehen kann und womit nicht, ist die Grundlage für den Trainingsplan. Es ist dafür unerlässlich, die Körpersprache und Mimik des Pferdes lesen zu können. Feste „Kochrezepte" bzw. Methoden sind nicht sinnvoll. Sie berücksichtigen nicht die große Variationsbreite, die wir bei Menschen und Tieren vorfinden. Ich habe dennoch für mich eine gewisse Checkliste, ehe ein Training startet:

1. Ich überprüfe den Gesundheitszustand des Pferdes.
2. Ich gestalte eine Umgebung, die zum Charakter und zu den Bedürfnissen des Pferdes passt.
3. Ich vermeide negative Erfahrungen.
4. Ich mache einen Plan, um das Pferd dabei zu unterstützen, sicher und selbstständig mit Stimuli in seiner Umgebung klarzukommen.
5. Ich mache einen Plan, wie ich dem Pferd beibringen kann, mit bestimmten schwierigen Situationen oder Stimuli umzugehen, und wie es zur Not den Menschen um Hilfe bitten kann (vorausgesetzt, das wäre ein realistisches Ziel im Verhältnis zu den Möglichkeiten und Fähigkeiten des Pferdes).

Achten Sie auf die Emotion, nicht auf das Verhalten

Während des Reitens fokussieren sich Menschen meistens auf das Verhalten ihres Pferdes bzw. die gewünschten Bewegungen, und nicht so sehr auf seinen emotionalen Zustand. Es ist nicht so, dass sie diesen Aspekt nicht wichtig finden, sondern sie haben einfach nicht gelernt, auf Emotionen zu achten.

Diesen Fokus auf das Verhalten sieht man besonders dann, wenn das Pferd nicht wie gewünscht auf die Hilfen des Reiters reagiert und sich körperlich und mental anspannt. Dann setzen Reiter eher Hilfsmittel ein, um das Pferd zur Performance zu zwingen, als dass sie die Situation analysieren. Sinnvoll wäre aber, darüber nachzudenken, wie man einen Schritt zurückgehen kann, um die Anforderungen und damit die Stressbelastung zu reduzieren.

Stellen Sie sich ein Pferd vor, das in der Reithalle mental und körperlich sehr angespannt ist und z. B. Fluchtansätze zeigt. Um solch ein Verhalten zu kontrollieren, wird oft auf Hilfsmittel zurückgegriffen: Nasenriemen enger ziehen, eine schärfere Trense nehmen, Hilfszügel nutzen etc. Druck wird ausgeübt durch die Zügel, die Gerte und was immer Menschen sich ausdenken können. All das hat negative Konsequenzen! Das Pferd bleibt in seiner Stressbelastung und assoziiert die Stressbelastung mit der jeweiligen Situation und zusätzlich mit Schmerz auslösenden Stimuli, die in dem Moment angewandt werden. Häufige negative Erfahrungen und Unterdrückung von Verhalten haben einen negativen Effekt auf die soziale Kompetenz, die Umwelthabituation, das Vertrauen in den Reiter oder Menschen generell, auf Lernfähigkeit und Gesundheit.

Kurz gesagt: Diese Einwirkungen erfolgen, weil das Pferd Distanz vergrößernde Signale oder tatsächlich Angriff oder Flucht zeigt. Damit erhöhen sich das Risiko von Strafmaßnahmen, das Verletzungsrisiko und die Wahrscheinlichkeit, dass sich das Ganze zu einem Teufelskreis weiterentwickelt, an dessen Ende nur Verlierer stehen. Auf Dauer kommt es zu einer chronischen Stressbelastung und zu Gesundheitsproblemen (siehe Kapitel 3). Ein Pferd, das perfekten Gehorsam als Bewältigungsstrategie einsetzt, um aus einer stressbelasteten Situation herauszukommen, ist genauso anfällig für Gesundheitsrisiken. Diese Pferde sind so gehorsam und werden auch so gehorsam gehalten, dass sie extrem abhängig von ihrem Reiter werden und damit unter Umständen in eine erlernte Hilflosigkeit fallen. Sie können quasi nicht mehr auf eigenen Füßen stehen.

Zu sagen, dass ein Pferd einen dominanten Führer braucht, um ihm zu folgen, ist kein Argument dafür, so eine Abhängigkeit massiv zu fördern. Ein wahrer Führer gibt den Menschen oder Tieren, für die er verantwortlich ist, auch Freiheiten und die Möglichkeit, zu wählen. Vergleichen Sie dies mit der Erziehung von Kindern: Werden sie älter, gibt man ihnen mehr Freiheiten und mehr Verantwortung. Immerhin will man sie vorbereiten auf ein unabhängiges Leben, in dem die Eltern nicht permanent anwesend sind und helfen können. Das passiert natürlich graduell. Am Anfang halten wir Kinder im Supermarkt an der Hand, dann sind sie in der Lage, die Einkäufe auch auf das Kassenband zu legen, irgendwann dürfen sie bezahlen und zum Schluss lässt man sie alleine zum Einkaufen gehen und wartet draußen. Im Anschluss daran können sie selbstständig einkaufen! Wenn wir Kinder so behandeln würden wie unsere Pferde, müssten wir sie jedes Mal, unabhängig von ihrem Alter, an die Hand nehmen. Wir könnten ihnen niemals erlauben, Initiative zu zeigen oder gar eigenständige Entscheidungen zu treffen – noch nicht mal, wenn sie erwachsen sind. Denn das würde bedeuten, dass sie ungehorsam wären und Strafe verdient hätten.

Verantwortung

Einem Pferd beizubringen, sein Leben selbst zu regeln, heißt nicht, dass unsere menschliche Verantwortung aufhört. Genau wie bei Kindern geben wir Pferden einen Rahmen, innerhalb dessen sie lernen und unabhängig handeln können. Wenn das Kleinkind auf den Spielplatz geht, schauen wir uns die Wippen und Schaukeln an, die vielleicht noch etwas zu schwierig sind. Wir sagen unserem Kind, was es machen kann und was nicht, und innerhalb dieser Grenzen kann es selbstständig handeln, sich entscheiden und Spaß haben. Das ist auch für Pferde möglich. In Kapitel 5.6 beschreibe ich all die Vorteile, die so etwas bringt, und gebe Ihnen ein paar Ideen zum Umsetzen.

5.3 ENTSPANNUNGSMÖGLICHKEITEN SCHAFFEN

Sollte ein Pferd also niemals Stress ausgesetzt werden? Nein, natürlich nicht! Stress zu erfahren, ist ein Teil des Lebens und unvermeidbar, wenn wir uns in der Welt bewegen, wenn wir optisch, geruchlich und taktil erkunden, wenn wir lernen und neue Erfahrungen machen. Neue Stimuli bedeuten auch immer eine Stimulation für die mentale Gesundheit. Sie regen die Neurogenese und die Synapsenbildung an und fördern die Plastizität des Gehirns.

Der Schlüssel ist, die Balance zu finden. Sie möchten, dass Ihr Pferd aufmerksam ist, was eine sehr niedrige Stressbelastung bedeutet – aber Sie möchten nicht, dass die Stressbelastung stärker wird, weil dann die Aufmerksamkeit nachlässt. Sie möchten ein Gleichgewicht zwischen mentaler Anspannung und Entspannung. Achten Sie darauf: Sie müssen Stimuli oder Situationen wahrnehmen, analysieren, und wenn nötig anpassen und verändern. Das Pferd soll nicht über einen längeren Zeitraum einer hohen Stressbelastung ausgesetzt sein, sondern sich nach einem kurzen Moment leichter Stressbelastung gegenüber einem neuen Stimulus entspannen. Die Stressbelastung soll gerade so hoch sein, dass sich das Pferd zügig selbstständig davon wieder erholen kann.

Das Training überdenken

Fragen Sie sich, ob Ihr Trainingsziel realistisch ist, ob Ihr Pferd psychisch und physisch damit umgehen kann, ob es verstehen kann, was Sie von ihm wollen und auch, ob das Trainingsziel überhaupt sinnvoll ist. Diese Überlegungen sind besonders wichtig, wenn das Pferd Schwierigkeiten hat, eine Übung auszuführen oder sie überhaupt nicht ausführen kann. In solchen Fällen sollten Sie die Übung sein lassen oder durch eine ähnliche, aber leichtere Übung ersetzen. Vielleicht können Sie auch Zwischenschritte einbauen.

Gelerntes festigen

Sie sind ambitioniert und haben ein klares Ziel. Das kann dazu führen, dass Sie Ihrem Pferd jedes Mal etwas völlig Neues beibringen möchten. Das ist eine physische und psychisch Herausforderung für das Pferd, besonders wenn es jeden Tag geritten oder gearbeitet wird.

Ich bin ein großer Freund davon, ein Pferd das gleiche Trainingsprogramm mindestens dreimal durcharbeiten zu lassen, bevor ich etwas Neues einführe. Durch diese Wiederholungen habe ich die größte Chance, dass das Pferd ein Langzeitgedächtnis bilden kann. Ich möchte auch, dass mein Pferd während der Arbeit entspannt ist, versteht und damit umgehen kann, was ich von ihm möchte, und dass es eine schöne Zusammenarbeit mit mir hat. Bevor es sich langweilt, baue ich dann ein neues Trainingselement ein. Wenn Sie Schwierigkeiten haben, sich selbst zu entspannen, oder merken, dass es Ihrem Pferd genauso geht (wenn es sich beim Cool-down nicht erholt), machen Sie die Übung leichter, kürzer oder beenden Sie die Übung und analysieren, was da schiefgelaufen sein kann.

Nur ein neues Trainingselement zur Zeit

Wenn Sie neue Trainingselemente einführen, achten Sie darauf, dass es wirklich nur eines zur Zeit ist. Dieser Tipp kommt von Anne Lill Kvam, einer Trainerin, bei der ich Seminare und Wochenendkurse zur Nasenarbeit für Hunde besucht habe. Er war immer sehr nützlich – sowohl für Pferde als auch für Hunde. Ich hinterfrage meine Trainingsansätze kritisch und kombiniere nicht zu schnell verschiedene Übungen, weil es gerade so gut klappt. Das würde mein Pferd überfordern.

Hintertüren einplanen

Ihrem Pferd neue Reize zu bieten, kann Spaß machen, ist nützlich und wichtig. Aber versuchen Sie, Ihren Trainingsplan so „wasserdicht" wie möglich zu bekommen, um negative Assoziationen zu vermeiden. Das kann z. B. bedeuten, gezielt spielende Kinder in einem passenden Abstand zum Pferd zu platzieren. Das Pferd kann sich die Szene aus sicherer Entfernung entspannt anschauen und sich daran gewöhnen. Oder sperren Sie gewisse Bereiche im Stall ab, sodass Besucher auf größere Distanz an der Box Ihres Pferdes vorbeigehen müssen.

Wenn Sie beim Ausreiten eine neue Route nehmen wollen, fahren Sie die Strecke zunächst mit dem Fahrrad ab. Überlegen Sie, was Ihrem Pferd dort alles begegnen könnte und ob es damit umgehen kann. Es ist unmöglich, mit absoluter Sicherheit vorherzusagen, was alles passieren kann. Deshalb sollten Sie sich einen Plan B überlegen, wie Sie aus einer problematischen Situation zügig herauskommen können. Oder Sie berücksichtigen bereits im Voraus, dass Sie z. B. sonntags nicht ausreiten, weil dann viele Wanderer unterwegs sind und unter Umständen ihre Hunde freilaufen lassen.

Das kann auch bedeuten, darüber nachzudenken, ob sie eine Situation für eine Habituation nutzen. Hat Ihr Pferd Angst vor Autos? Dann ist es nicht sinnvoll, eine sehr schmale Straße entlang zu reiten, Sie können aber Trainingssituationen einplanen, bei denen Ihr Pferd Autos aus einer sicheren Entfernung beobachten und sich daran gewöhnen kann.

Wenn Sie zum ersten Mal einen Ausritt mit Ihrem Pferd machen, sollten Sie das in einer Gruppe gut sozialisierter Pferde tun, in der sich Ihr Pferd sicher fühlt und die Reiter bereit sind, auch auf Ihre Bedürfnisse Rücksicht zu nehmen.

Das Pferd bestimmt das Tempo

Es ist gut, dem Pferd bei neuen Reizen Tempo und Initiative zu überlassen. Ich platziere z. B. einen Sack mit interessanten Objekten und Gerüchen in einer Ecke des Paddocks. Mein Pferd kann entscheiden, wann, wie und wie schnell es das unbekannte Objekt untersuchen möchte. Das Auslösen von leichter bis mittlerer Stressbelastung durch so eine Übung ist in Ordnung, solange ich davon ausgehen kann, dass sich mein Pferd in der jeweiligen Trainingseinheit davon erholen kann. Wenn ich aber einen Stimulus falsch bewerte und sehe, dass mein Pferd in eine starke Stressbelastung gerät, muss ich das Objekt anders platzieren. Eventuell reicht ein Ort, den mein Pferd kennt und an dem es entspannt ist. Vielleicht braucht es mehr Platz, sodass es anfangs eine größere Distanz zum Objekt halten kann. Oder ich reduziere den Reiz, verändere die äußere Form etc. Hat sich mein Pferd nach diesen Änderungen an den Stimulus gewöhnt, werde ich ihn über eine gewisse Zeit langsam verändern, bis die ursprüngliche Belastungssituation wieder eintritt und mein Pferd entspannt bleibt.

Zeigt das Pferd bei solchen Gewöhnungsübungen leichte bis mittlere Stressbelastung und habe ich den Eindruck, dass es sich entspannen kann, dann überlasse ich ihm die Entscheidung, wann und wie es mit dem neuen Stimulus interagieren möchte. Es muss sich nicht gleich annähern. Wenn es sich für Distanzvergrößerung entscheidet, ist das in Ordnung. Macht es eine Pause, um sich den Stimulus einfach nur gut anzuschauen, warte ich so lange, wie es dafür braucht. Das Pferd hat die Entscheidungsfreiheit. Ich bin Beobachterin, halte mich zurück und mische mich in diesem Prozess der Untersuchung und des Lernens nicht ein. Mein Geschenk an mein Pferd ist Zeit und Entspannung. Sein Geschenk an sich ist die Ausschüttung von Dopamin, das ihm ein Gefühl von Wohlbefinden ermöglicht[2]. Vielleicht entscheidet Ihr Pferd sich erst mal für eine größere Distanz zu diesem Objekt. Dann ist das in diesem Moment seine Bewältigungsstrategie! Sie wollen es unterstützen und keinen Druck ausüben. Hat es sich etwas an das Objekt gewöhnt, wird sich auch seine Bewältigungsstrategie ändern.

Bei einem gesunden Pferd überwiegt immer die Neugier. Ich habe die Erfahrung gemacht: Je weniger Druck ich ausübe, desto mutiger wird mein Pferd über die Zeit. Sie wollen Ihr Pferd nicht überfordern – Sie wollen, dass es Spaß daran hat, neue Stimuli zu entdecken.

Erholungstage

Wenn mein Pferd einen anstrengenden Tag hatte, an dem es stärkerer Stressbelastung als üblich ausgesetzt war, erlaube ich ihm danach einen Erholungstag, damit sich Stressbelastungen nicht aufsummieren. So vermeide ich das Risiko, dass akuter Stress zu chronischem Stress wird.

An Entspannungstagen beschäftige ich mich trotzdem mit dem Pferd, aber nur so, dass ich sicher sein kann, dass kein Stress entsteht. Wie so ein Tag genau ablaufen kann, hängt vom jeweiligen Pferd ab. Mein Pferd geht z.B. sehr gern mit mir spazieren und frisst unterwegs. Es mag auch Nasenarbeit (siehe Kapitel 5.6).

Wenn das Pferd nach einem positiven Erlebnis etwas Negatives erfährt, dann kann diese negative Erfahrung die vormalige positive Erfahrung überlagern. Durch einen Entspannungstag wird sich das Erfolgserlebnis: „Ich habe ein Problem für mich gelöst" gut im Gedächtnis festsetzen. Die positive Emotion überwiegt.

Dem Pferd helfen

Wenn mein Pferd einen Stimulus als zu schwierig einschätzt und eine mittlere bis hohe Stressbelastung zeigt, entscheide ich mich, ihm zu helfen. Immer! Hier ein Beispiel: Mein Pferd ist in einen neuen Stall umgezogen, es hat Angst, tritt gegen die Boxentür und wiehert, wenn es meine Stimme hört. Ich gehe sofort zu ihm hin. Jetzt denken Sie vielleicht: „Ganz falsch, damit wird das Treten gegen die Tür belohnt. Es wäre besser, nicht hinzugehen." Hier muss ich widersprechen. Ein Tier, das sich nicht wohlfühlt, muss Unterstützung erfahren. Der Fokus sollte nicht auf dem Verhalten (Treten gegen die Tür) liegen, sondern auf den zugrunde liegenden Emotionen. Darauf müssen Sie eingehen. In diesem Beispiel hat das Pferd gegen die Tür getreten, um Aufmerksamkeit zu erregen. Es ist verängstigt und braucht Hilfe. Ich helfe ihm, indem ich mich zu ihm stelle. Mein Pferd entspannt sich und beginnt zu fressen.

Je häufiger ich mein Pferd in solchen Momenten beruhige, desto schneller wird es sich dabei entspannen, weil seine Bedürfnisse berücksichtig und befriedigt werden. Ist es entspannt, tritt es auch nicht mehr gegen die Tür. Stellen Sie sich vor, was passiert wäre, wenn ich nicht hingegangen wäre oder mein Pferd vielleicht angeschrien hätte. Dann hätte sich die Stressbelastung meines Pferdes noch mehr erhöht. Das ist kontraproduktiv. Mein Ziel ist, dass das Pferd sich so schnell wie möglich entspannt.

Das Gleiche gilt für Gehorsamsübungen bei Stressbelastung. Mein Pferd hat Angst und Stress und bewegt sich z. B. aus diesem Grund am Zaun auf und ab. Wenn ich jetzt von ihm verlange, dass es stillsteht, kann das die Stressbelastung massiv verstärken. In so einer Situation ist es besser, einen Kompromiss zu finden und zu überlegen, wie man dem Pferd innerhalb des etablierten Rahmens wirklich helfen kann. Man könnte es z. B. eine Weile an der Hand führen.

Dieser Ansatz wird auch durch Forschungsergebnisse unterstützt, die zeigen, dass ein Lebewesen, Tier oder Mensch, das in einer stressvollen, angstauslösenden Situation Hilfe erfährt, damit auf Dauer besser umgehen kann[2,3]. Unter anderem löst die Unterstützung des Pferdes bei ihm die Ausschüttung des Hormons Oxytocin aus, das wirkt entspannend, angstlösend und stressreduzierend[4]. Oxytocin wird auch als Bindungshormon bezeichnet, es fördert Vertrauen und die Synapsenbildung im Gehirn[4].

Strafen Sie nicht!

Strafe beschädigt Ihr Pferd psychisch und physisch. Es zerstört sein Vertrauen in Sie. Das Pferd wird eine sowieso schon schwierige Situation noch weiter negativ assoziieren. Strafe löst eine starke Stressbelastung aus, die wiederum Lernvorgänge verhindert. Zu strafen ist ein Zeichen von Schwäche. Wenn Sie sich dafür entscheiden, dass Sie nicht länger strafen wollen, werden Sie ein besserer Trainer. Ohne das schnelle „Hilfsmittel Strafe“ müssen Sie wirklich darüber nachdenken, was dem Pferd gerade Probleme macht, und Sie müssen entscheiden, wie Sie das Problem lösen können.

Wenn Sie in einer bestimmten Situation eine körperliche Strafe einsetzen müssen, ist das ein Zeichen, dass diese Trainingssituation nicht gut genug durchdacht wurde oder die Übung von Anfang an für Ihr Pferd nicht geeignet ist. Rennt Ihr Pferd beispielswiese aus der Box, sowie die Tür geöffnet wird, und Ihre einzige Möglichkeit wäre, es mit einem Peitschenschlag zu stoppen, dann ist das Pferd bereits in einer Situation, in der es sich nicht mehr händeln lässt. Überlegen Sie stattdessen genau, was das zugrundeliegende Problem ist! Hat Ihr Pferd z. B. Angst im Stall? Vielleicht hat es nie gelernt, dort alleine zu sein, abseits von seinen Pferdefreunden.

In der Praxis

Problemverhalten erfordert eine genaue Betrachtung, nicht einfach nur eine negative Reaktion. Versuchen Sie, die Ursachen für das unerwünschte Verhalten zu finden und nicht nur das Verhalten zu reglementieren.
Ein Pferd, das am Zaun auf- und abgeht, kann gelangweilt sein oder hat Probleme mit der Umgebung. Es ist vielleicht entspannter, wenn es mit anderen Pferden zusammensteht.

Freiheiten erlauben

Freiheiten ermöglichen dem Pferd, seine eigenen Motivationen auszuleben – das hilft ihm, entspannt zu bleiben. Dies kann z. B. bedeuten, dass Sie Ihrem Pferd erlauben, sich seine Umwelt anzuschauen, dabei für einen Moment stillzustehen, den Kopf zu wenden oder eventuell sogar den ganzen Körper. So kann es Calming Signals zeigen, um sich oder andere zu beruhigen. Das gilt z. B. beim Putzen, wenn Sie Ihrem Pferd erlauben, sich wegzudrehen und ein Hinterhandzeigen als Calming Signal gegenüber einem herankommenden angstauslösenden Objekt zu zeigen. Oder beim Abladen von einem Hänger, indem Sie die Einschränkungen seiner Sehfähigkeit berücksichtigen und das Pferd den Kopf drehen oder senken darf, sodass es sehen kann, wohin es geht. Es gilt auch für einen Ausritt im Wald: Geben Sie Ihrem Pferd die Freiheit, den Kopf so zu bewegen, dass es sich mit der Umwelt vertraut machen kann. Vielleicht haben Sie Angst davor, so etwas zuzulassen und denken, Sie brauchen Hilfsmittel, um Ihr Pferd zu kontrollieren. Dann kann ein Ausritt im Gelände eventuell zu anstrengend für Sie beide sein und Sie sollten zunächst Übungen durchführen, die Sie beide in einem entspannten Zustand bewältigen können.

Sie müssen kommunizieren!

Ein kleiner Klaps, wenn das Pferd nicht stillstehen mag, ein Anschreien, wenn es seine Ohren zurücklegt, ein Schlag gegen den Kopf, wenn es diesen zur Seite nimmt: Bestraft man ein Pferd für Kommunikation oder hindert es an Kommunikation, erhöht das die Stressbelastung und führt zu negativen Lernprozessen. Es beeinträchtigt sein Wohlbefinden, auch wenn das Pferd nach einer Strafmaßnahme „brav“ stillsteht. Wenn Sie Ihr Pferd bestrafen oder es an einer Handlung hindern, nehmen Sie ihm die Möglichkeit, sich selbst auszudrücken. Sie nehmen sich die Gelegenheit, herauszufinden, warum Ihr

Pferd solche Signale zeigt, und auch die Chance, über Ihre eigenen Methoden und Anforderungen an das Pferd nachzudenken. Kommunikation ist ein Muss, genauso wie Zuhören und einander zu helfen.

Wenn Ihr Pferd in einem großen Stall steht, wo sich Box an Box reiht, und es Probleme damit hat, zuletzt gefüttert zu werden, zeigt es dies vielleicht, indem es seine Ohren während der Fütterungszeit zurücklegt, seinen Kopf hin und her schwingt und die Zähne zeigt. Es ist wichtig, so etwas zu erkennen und das Pferd unter Umständen als Erstes zu füttern. Meiner Erfahrung nach wird dann die Stressbelastung nicht mehr eintreten, oder nur kurz und in einem sehr viel geringeren Ausmaß. Über eine gewisse Zeit verknüpft das Pferd mehr positive Dinge mit der Fütterungszeit. Das ist eine fundamental andere Herangehensweise als die Methode, nach der das Pferd nicht gefüttert wird, ehe es ein gewünschtes passives, signalfreies Verhalten zeigt. Solch eine Strategie führt dazu, dass das Pferd länger hungrig bleibt, die Stressbelastung ansteigt und eine negative Verknüpfung mit der Fütterungszeit beibehalten wird. Ein stark gestresstes Pferd braucht aber sehr viel länger, um herauszufinden, dass es passiv warten soll, damit das Futter kommt. Stress reduziert die kognitiven Fähigkeiten. In diesem Beispiel und in allen Fällen, in denen Reiter oder Besitzer nicht adäquat auf die Signale ihres Pferdes antworten, sehe ich folgende Reaktionen der Pferde:

1. Das Pferd zeigt zunehmend massivere und deutlichere Signale. Die Stressbelastung steigt.
2. Weil das Pferd gestraft wurde, zeigt es keine Signale mehr, es wird passiv. Aber die Stressbelastung steigt dennoch weiter. Irgendwann reagiert das Pferd dann doch – und das erscheint den Menschen dann so, als ob es plötzlich aus dem „Nichts“ extrem reagiert.
3. Das Pferd kommuniziert nicht länger und schaltet ab.

Ich mag keine dieser drei Optionen, sie passen nicht zu meinen Absichten und Methoden für den Umgang mit Pferden. Indem ich auf die Signale des Pferdes achte, suche ich eine bessere Interaktion mit dem Pferd und ermögliche mir, Pläne und Lösungsansätze zu entwickeln, die speziell auf die Fähigkeiten und Bedürfnisse meines Pferdes zugeschnitten sind. Dazu muss ich mental und praktisch einen Schritt zurück machen, weg vom Problem.

Kommunikation bedeutet auch, zuzuhören. Es bedeutet, die Wünsche und Signale von anderen wahrzunehmen und sich ihnen anzupassen. Wenn Ihr

Pferd ein Distanz vergrößerndes Signal zeigt, z. B. droht auszuschlagen, sollten Sie dies respektieren. Beenden Sie, was auch immer Sie gerade mit dem Pferd gemacht haben. Respektieren Sie die Grenzen, die Ihr Pferd gesetzt hat. Strafen Sie es nicht. Machen Sie sich stattdessen Gedanken zu dem Kontext, in dem Ihr Pferd dieses Verhalten gerade gezeigt hat. Überlegen Sie sich einen Trainingsplan, in dem das Pferd nicht die gleiche Stressbelastung wie zuvor erlebt und keine Distanz vergrößernden Signale zeigen muss.

Je mehr Sie zuhören, je besser Sie die Signale Ihres Pferdes verstehen und vielleicht auch vorhersehen können, desto entspannter wird Ihr Pferd werden. Ausgehend von dieser Entspannung können Sie dann mit Training und Erziehung fortfahren. Sie müssen keine Angst haben, dass Ihr Pferd das ausnutzen wird. Ich habe niemals eine Situation gesehen, in der ein Pferd das Zurückweichen des Menschen als „Ich habe gewonnen" angesehen hat, wenn es zuvor gezeigt hat, das ihm ein Kontext unangenehm war. Ich habe aber gesehen, dass Pferde dadurch gelernt haben, bestimmte Calming Signals auf Kommando zu zeigen.

Calming Signals sind Kommunikationsmittel. Das Pferd reagiert auf Stimuli und kommuniziert. Die Kommunikation variiert und ist abhängig vom jeweiligen Stimulus und der Situation. Pferde, denen man erlaubt hat, mehr zu kommunizieren und denen man gut zugehört hat, beginnen insgesamt mehr zu kommunizieren. Meiner Meinung nach ist das eine sehr gute Entwicklung.

Das Tempo anpassen

Mir ist aufgefallen, dass Pferde entspannter sind, wenn der Reiter oder Besitzer keinen Zeitdruck hat. Oft ist die Uhr ein bestimmender Faktor, wir müssen noch einkaufen oder zu einer Geburtstagsparty … Wenn man dann um 15:00 Uhr am Stall ankommt, sattelt man zügig, damit man losreiten kann. Das Ergebnis ist ein schnelles und effizientes Handling. Das Pferd ist dabei eher Objekt; es bekommt einen kurzen Streichler, aber es ist wenig Raum für intensiveren Kontakt, Kommunikation und Entspannung. Ein Mensch, der sich zweckorientiert, mit Tempo und Anspannung, um das Pferd bewegt, verursacht Stress. Es ist viel besser, entspannt mit dem Pferd umzugehen, mit ruhigem Blick, nicht zu viel Körperspannung und Hektik. Es hilft auch, zwischen verschiedenen Aktionen am Pferd kleine Pausen einzulegen. Wenn Sie

Ihr Pferd satteln, platzieren Sie zunächst ruhig die Satteldecke. Nach einer Minute Pause lassen Sie das Pferd am Sattel riechen, legen den Sattel ruhig auf den Rücken, machen wieder eine Minute Pause und ziehen dann den Gurt an. Dies ist nicht nur besonders wichtig, wenn Sie ein unerfahrenes Pferd haben, sondern es hilft auch erfahrenen Pferden.

Entspannung auslösen

Man kann Entspannung auslösen, indem man ein gestresstes Pferd fressen oder an etwas schnuppern lässt. Sowohl das Fressen als auch das Schnuppern, z. B. um Futter zu finden, wird die Anspannung bzw. Stressbelastung weniger werden lassen. Es ist auch gut als Ablenkung. Wenn Ihr Pferd nicht fressen oder schnuppern möchte, obwohl es so etwas normalerweise sehr gerne macht, besteht die Möglichkeit, dass es krank ist oder bereits unter extrem hoher Stressbelastung steht. In so einer Situation sollten Sie überlegen, was diese Stressbelastung ausgelöst haben kann. Denken Sie über andere Möglichkeiten nach Ihrem Pferd zu helfen oder bringen Sie es aus der Situation. Sie könnten z. B. Personen im Stall bitten, ein Stück zurückzugehen, oder Ihr Pferd auf eine andere Weide stellen, wenn es Probleme mit der ersten hat.

Wünsche berücksichtigen

Berücksichtigen Sie die Wünsche und Bedürfnisse Ihres Pferdes. Freuen Sie sich, wenn es Spaß hat. Pferde passen sich unseren Wünschen an, also ist es nur fair, etwas zurückzugeben. Wie bei jeder gesunden Freundschaft geht es um Geben und Nehmen. Sie können Ihrem Pferd z. B. erlauben, zu entscheiden, wo es grasen möchte, wenn Sie es an der Hand führen. Bei einem Ausritt können Sie auch mal Ihr Pferd entscheiden lassen, welche Route genommen wird. Dies bedeutet, dass Sie akzeptieren müssen, wenn es umkehrt und der Ausritt dadurch relativ kurz wird. Sie können Ihr Pferd zum Wasser führen, wenn Sie wissen, dass es ihm Spaß macht zu planschen, oder an Plätze mit viel Sand, wo es sich gern wälzt. Sie können ihm Schnüffelspiele anbieten, wenn Sie wissen, dass es so etwas mag.

Sich an die Wünsche und Bedürfnisse des Pferdes anzupassen, bedeutet auch, dass Sie nicht länger bestimmte Aktivitäten am oder mit dem Pferd durchführen oder Sie diese verändern, wenn Ihr Pferd sie nicht mag oder als unangenehm empfindet. Verziehen Sie z. B. die Mähne nicht, sondern schneiden Sie sie mit der Schere. Dann tut es dem Pferd nicht weh. Putzen Sie sanfter, kürzer, einfühlsamer oder wenn es möglich ist auch einmal gar nicht, wenn Ihr Pferd das Bürsten nicht mag. Oder probieren Sie aus, welche Bürste Ihr Pferd lieber mag.

Übung

Wie kann man herausfinden, ob das Pferd gerne geputzt wird oder ob die Putzsession zu lange dauert? Gehen Sie mit Ihrem Pferd an eine bekannte Örtlichkeit, den Reitplatz oder Paddock. Lassen Sie es die Umgebung untersuchen, wie es mag. Wenn es damit fertig ist und still an einem Platz steht, gehen Sie hin und beginnen mit dem Putzen. Binden Sie es nicht an und geben Sie ihm auch kein akustisches oder optisches Signal stillzustehen. Ich gehe hierbei natürlich davon aus, dass Ihr Pferd mutig genug ist, auch die Initiative zu ergreifen. Wird es gern geputzt, bleibt es stehen und bietet vielleicht sogar bestimmte Körperstellen an, an denen es geputzt werden möchte. Wenn es das Putzen nicht genießt oder die Session zu lang ist, wird es definitiv weggehen.

Das Pferd nicht allein lassen

Pferde leben natürlicherweise in Gruppen. Auch für domestizierte Pferde ist es ein Bedürfnis, mit anderen Pferden zusammenzuleben. Ich habe Pferde gesehen, die in der Interaktion mit Menschen Probleme hatten, alleine zu bleiben, z. B. wenn das Pferd in der Stallgasse angebunden war und der Mensch holte das Putzzeug oder ging weg, um mit anderen Menschen zu sprechen. Pferde werden auf Turnieren oft alleingelassen, in Hängern, Boxen oder auf dem Paddock. Dies ist völlig normal für Menschen. Für viele Pferde ist es aber sehr problematisch. Abhängig von der Stressbelastung zeigen sie in unterschiedlichen Intensitäten vielleicht Calming Signals, Übersprungsverhalten, Stresssignale oder Distanz vergrößernde Signale.

Ein bisschen Vorausplanung kann solche Momente für das Pferd verkürzen, einfacher machen und vielleicht sogar ganz verhindern. Dadurch wird die Stressbelastung geringer, das Pferd ist entspannter und macht mehr positive Erfahrungen mit seiner Umwelt. Man kann sein Putzzeug, das Sattelzeug usw. schon vorbereiten, sodass man nicht nochmal weggehen muss. Man kann sich selbst vollständig für den Austritt fertigmachen, ehe man das Pferd von der Weide holt. Menschen, mit denen man sich unterhalten möchte, können herangebeten werden, sodass man das Pferd nicht allein lassen muss. Natürlich darf dann das Pferd keine Probleme mit anderen Menschen haben … Während des Gesprächs können Sie mit Ihrem Pferd interagieren, z. B. neben seiner Schulter stehen oder Sie bitten die Person, mit der Sie sich unterhalten, sich so hinzustellen, dass das Pferd sie sehen und riechen kann. Das kann unter Umständen noch ein zusätzlich interessanter Stimulus sein. Bedenken Sie aber bei allen Möglichkeiten, dass das Pferd damit auch umgehen kann. Wenn Ihr Pferd Probleme mit Menschen hat, sollten Sie das Gespräch lieber aufschieben, bis Sie mit Ihrem Pferd komplett fertig sind oder Sie bringen es vorübergehend wieder auf den Paddock und holen es später erneut. Man kann sich auch entscheiden, dem Pferd etwas zu tun zu geben, während man sich mit jemand unterhält (ihm z. B. Heu füttern). Das macht das Warten dann angenehmer.

Empathie

All dies gilt besonders für Pferde, die Probleme mit dem Alleinsein haben, egal ob zu Hause oder in unbekannten Situationen. So etwas vorab zu üben, ist sehr hilfreich – aber im Grunde ist es eine Frage der Empathie. Auch wenn Ihr Pferd keine Probleme mit dem Alleinsein hat, ist es nicht nett, es wie einen Koffer zu behandeln, den man irgendwo abstellt und wieder abholt, wenn man ihn braucht.

Überlegen Sie sich Managementmöglichkeiten, wenn Ihr Pferd Probleme mit dem Alleinsein hat. Jemand anderes kann auf dem Turnier den Kaffee holen oder Sandwiches besorgen, oder Sie bringen sich diese Sachen schon von zuhause mit. Und wenn Sie doch einmal weggehen müssen, gibt es vielleicht jemanden, der dann beim Pferd bleibt.

Optische Signale nutzen

Wenn ich mich von meinem Pferd entferne, weiß das Pferd nicht, warum ich gehe und wann ich zurückkomme. Indem ich vorausplane, kann ich meine Interaktion mit dem Pferd so gestalten, dass ich es nicht allein lassen muss. Aber auch der beste Plan kann von der Realität boykottiert werden. Um meinem Pferd mehr Sicherheit zu geben, falls ich es doch einmal alleine lassen muss, habe ich ein Handsignal trainiert.

Ich habe das von Turid Rugaas gelernt, als ich ihren „International Dog Trainers Education Course“ besucht habe. Das Signal war damals für Hunde, aber es ist auch bei Pferden sehr nützlich. Mein Signal ist das Öffnen und Schließen der Hand. Natürlich kann sich jeder ein eigenes Signal überlegen, es muss auch kein optisches Signal sein. Ich persönlich finde ein Handsignal nützlich, denn meine Hände habe ich immer „dabei“. Es ist also gut möglich, spezifische Handbewegungen zu einem Signal werden zu lassen, das man für Informationen in bestimmten Situationen einsetzt.

Ich nutze das Handsignal, um meinem Pferd zu sagen, dass es mir nicht folgen soll und dass wir für einen Moment getrennt sein werden: „Ich bin für eine kurze Zeit außer Sicht, aber ich komme zurück.“ Ich trainiere dies in kleinen Schritten. Zu Beginn zeige ich das Handsignal, wenn ich nichts anderes mit dem Pferd übe, und bleibe in Sicht. Ich gebe das Signal vor einer physischen Aktion. Es bedeutet: „Du musst jetzt nicht mit mir mitkommen, denn ich muss mich um etwas anderes kümmern.“ Und das mache ich dann auch. Ich sammle z. B. Heu auf oder räume etwas auf. Diese Aktionen finden nahe beim Pferd statt, sodass es sie sehen kann, aber nicht in diese Aktionen involviert ist.

Es braucht einige Zeit, um dieses Signal in das eigene Langzeitgedächtnis zu bekommen. Es wird immer wieder passieren, dass man etwas in der Nähe der Pferdes macht, aber vergisst, das Signal zu zeigen, z. B. wenn Sie abends die Stallgasse fegen, während alle Pferde in ihren Boxen sind. Habe ich mir das Signal aber gut angewöhnt, ist es ein motorisches Muster für mich geworden und mein Pferd kennt es. Dann setze ich es ein, wenn ich für einen sehr kurzen Moment (wenige Sekunden) außer Sicht gehe. Diese Zeitspanne, die Zahl der Sekunden, wird langsam erhöht. Das Ziel ist aber nicht, dem Pferd beizubringen, so lange wie möglich alleine zu sein. Es ist meine pferdefreundliche Entscheidung, so etwas nicht zu tun. Das Ziel ist, dem Pferd zu kommunizieren, dass ich gleich zurück bin. Es ist kein Kommando, exakt an Ort und Stelle zu bleiben.

Ich setze keine Futterbelohnung ein, wenn ich meinem Pferd dieses spezifische Handsignal beibringe, weil ich keine Frustration (und damit Stress) durch eine nicht erfüllte Erwartung auf Futter auslösen möchte.

5.4 DER MENSCH ZEIGT CALMING SIGNALS

Können Pferde die Körpersprache von Menschen erkennen und lesen?

Ich denke, Menschen und Pferde sind so unterschiedlich, dass sie sich nicht automatisch gegenseitig verstehen. Uns fehlen deutlich sichtbare Ohren, wir haben keinen langen Hals oder Schweif, um damit Signale zu geben. Wir stehen auf zwei Beinen und nicht auf vier. Meiner Meinung nach interpretieren Pferde aufgrund dieser Unterschiede unsere Bewegung oft anders, als wir geplant oder gedacht haben. Weil unsere Augen vorn im Gesicht sitzen, drehen wir z. B. einem Pferd meistens das volle Gesicht zu, wenn wir es ansehen. Wir gehen oft frontal in gerader Linie auf das Pferd zu. Pferde müssen erst lernen, dass dies die „normale" Art von Menschen ist.

Sofern sie nicht gut an Menschen sozialisiert sind, wird ihre erste Begegnung mit einer unbekannten Person dazu führen, dass sie vor dieser frontalen Annäherung weggehen, anstatt freundlich zu warten. Wenn sie öfter mit Menschen zu tun haben, lernen Pferde, was unsere Absichten sind, was menschliche Körpersprache, Geräusche und weitere Verhaltensmuster bedeuten.

Im Zusammenleben mit Menschen probieren Pferde aus und machen Erfahrungen mit Verhaltensweisen, die positiv oder negativ für sie sein können. Sie passen ihr Verhalten dementsprechend an. Beobachtung ist ein wichtiges Element dieses Lernprozesses.

Eine der Fragen, die mich besonders interessiert hatte, ist, ob Menschen lernen können, die körpersprachlichen Signale von Pferden selbst zu zeigen, sodass Pferde uns besser verstehen können. In den letzten Jahren habe ich versucht, bestimmte Calming Signals einzusetzen, um die Kommunikation mit einem Pferd zu verbessern und ihm zu helfen, sich zu entspannen. Folgende Schlussfolgerungen habe ich gezogen:

1. Ja, ich kann meinem Pferd bestimmte Calming Signals übermitteln. Indem ich diese Calming Signals nutze, zeige ich dem Pferd, dass ich keinen Konflikt provozieren will und kann darüber hinaus seine Stressbelastung reduzieren. Das Pferd bekommt so mehr Sicherheit in der Zusammenarbeit mit mir.

2. Ja, es gibt eine Reihe von Calming Signals, die ich zusammen mit meinem Pferd gegenüber einem Stimulus zeigen kann. Und zwar entweder, indem ich die Signale meines Pferdes nachmache, oder indem ich sie ihm vormache. Die Anwendung dieser Calming Signals reduziert die Stressbelastung des Pferdes im Zusammenhang mit weiteren Stimuli. Es gibt ihm ein größeres Vertrauen in mich und in eine positive Zusammenarbeit.
3. Die Calming Signals, die hierbei sehr gut eingesetzt werden können, sind Splitting, Bogenlaufen, Hinterhand- oder Flanke zeigen, Kopfabwenden, Schulterabwenden und Stillstehen.

Hinweis: Wenn Sie sich entscheiden, Calming Signals gegenüber Ihrem Pferd zu zeigen oder zusammen mit Ihrem Pferd gegenüber einem Stimulus, sollte die Hauptbotschaft sein, dass Sie als Mensch nicht in Konflikt mit Ihrem Pferd oder dem Stimulus stehen wollen. Sie möchten das Pferd und den Stimulus beschwichtigen. Ihr Verhalten währenddessen und auch danach gegenüber Stimulus und Pferd sollte immer zu dieser Botschaft passen.

In den folgenden Kapiteln werden die oben genannten Calming Signals intensiver besprochen.

Splitting

Wie bereits früher beschrieben (siehe Kapitel 2.17), kann ein Pferd zwei Parteien splitten, wenn es Eskalation vermeiden möchte. Pferde splitten auch, wenn sie ein für sich wichtiges Objekt, Tier oder Mensch verteidigen oder für sich behalten wollen.

Wenn Sie erwarten oder beobachten, dass die Stressbelastung Ihres Pferdes im Zusammenhang mit einem bestimmten Stimulus ansteigen wird, können Sie als Splitter fungieren – mit dem gleichen Ziel, wie es ein Pferd hätte. Wenn Sie splitten, beachten Sie folgendes:

1. Stehen Sie in einer strategisch günstigen Position zwischen Ihrem Pferd und dem Stress verursachenden Stimulus (Bild 5.1 – 5.4).
2. Stehen Sie ruhig, in entspannter Haltung.
3. Wenden Sie dem Pferd Ihren Rücken oder Ihre Seite zu.

5.1

5.2

5.3

5.1 – 5.3 Rachaël setzt Splitten als Calming Signal zwischen Indy und der sie führenden Annemarie und der Fahrradfahrerin Imke ein, die abfahrbereit mit dem Rad wartet.

5.4 Rachaël splittet zwischen Gijs (etwas abseits mit dem Regenschirm) und J'adore, indem sie J'adore eine geschützte Position ermöglicht.

Wenn Sie auf einem Spaziergang splitten müssen, stellen Sie sich auf die Seite des Pferdes, auf der auch der Stimulus ist. Ihr Pferd geht dann auf der Außenseite. Sie drehen dabei Ihren Oberkörper frontal gegen den beunruhigenden Stimulus. In einer Situation, in der Sie einen Helfer haben und die Stressbelastung leicht ist, müssen Sie nicht zwingend auf der Seite gehen, auf der der Stimulus steht. In den Bildern 5.1 bis 5.3 bemerkt Annemarie die geringe Stressbelastung von Indy und ändert ihre eigene Position nicht. Wäre die Stressbelastung stärker gewesen, hätte sie sich zwischen Indy und die Fahrradfahrerin gestellt, auch bei Anwesenheit von Rachaël als splittende Person.

Durch das Splitten unterstützen Sie Ihr Pferd; Sie schützen es. Aber dieser Schutz muss für das Pferd auch zuverlässig sein. Wenn Sie z. B. zwischen Ihrem Pferd und zwei lauten Menschen splitten, aber nicht auf die Situation achten und die Menschen sich deshalb dem Pferd nähern, sind Sie nicht zuverlässig. Das Ziel des Splittens ist, das Sicherheitsgefühl Ihres Pferdes zu stärken. Es muss sich darauf verlassen können, dass der bedrohliche Stimulus nicht näher herankommt. Es ist schön zu beobachten, wenn Ihr Pferd lernt, dass Sie ein zuverlässiger Splitter sind, und es sich selbstständig in einer Situation, die in seinen Augen potenziell gefährlich ist, hinter Sie stellt. Sie schützen Ihr Pferd und gleichzeitig unterstützen Sie seine Sozialisation und Habituation, sodass es später auch selbstständig mit dem Stimulus umgehen kann. Beispielhaft sind hier Situationen beschrieben, in denen Sie splitten können:

— Beim Putzen in der Stallgasse können Sie splitten, wenn andere Pferde vorbeigeführt werden.
— Sie können zwischen Ihrem Pferd und einem Hund splitten, der sich annähert, weil er das Pferd interessant findet.
— Sie können zwischen Ihrem Pferd und bestimmten Menschen oder Geräuschen splitten, sowohl im Stall als auch auf der Weide.
— Splitten Sie, wenn Ihr Pferd das braucht. Ist es bei herumspringenden freundlichen Hunden und Menschen in diversen Erscheinungen absolut entspannt, müssen Sie nicht splitten, um es zu beschützen. Dann ist Ihr Pferd sehr gut in der Lage, die Situation selbst zu bewältigen und hat vielleicht sogar Spaß an dem einen oder anderen Stimulus.
— Ich empfehle, zwischen zwei Pferden auf der Weide nicht zu splitten, wenn Sie befürchten, dass ein Konflikt entstehen könnte. Menschliche Geschwindigkeit und Reaktionszeit sind sehr viel langsamer als die von Pferden. Wir können bestimmte Signale nutzen und das Pferd kann gut darauf reagieren, aber das heißt nicht, dass wir die Pferdesprache beherrschen und sie in kritischen Situationen anwenden können. Sie müssen vermeiden, verletzt zu werden. Ich investiere lieber mehr Zeit, um zu überlegen, welche Pferde gut zusammenpassen, und arbeite dann an einer Zusammenführung, als dass ich versuche, Krisen zu kontrollieren.
— Wenn ich in ganz besonderen Umständen doch einmal zwischen Pferden auf der Weide splitte, mache ich das nur, wenn ich die Pferde gut kenne und abschätzen kann, dass ihre Motivationen und Emotionen niederschwellig sind und wenn ich mir sicher bin, dass sie mein Signal sehen und verstehen können.

In einem Bogen laufen

Wenn ein Pferd sich in einer bogenförmigen Bewegung auf ein Objekt zubewegt, bringt es damit seine Vorsicht zum Ausdruck. Es möchte keine Eskalation und setzt die bogenförmige Annäherung als Calming Signal ein, um den Stimulus zu beschwichtigen und sich selbst zu beruhigen. Diese Form der Annäherung ermöglicht auch, den Stimulus zunächst aus sicherem Abstand zu beobachten.

Für Menschen ist es ungewöhnlich, in einem Bogen auf etwas zuzugehen. Unsere Augen sitzen frontal und deshalb nähern wir uns in einer geraden

Linie an. Zusätzlich kennen wir die Welt um uns herum und haben üblicherweise keine Angst, insofern würde eine bogenförmige Annäherung auch keinen zusätzlichen Wert für uns haben.

Wird ein Pferd geritten oder geführt, ist es quasi in einer menschlichen geraden Linie, wenn es auf Objekte, Menschen oder Tiere zugeht. Dies kann zusätzliche Stressbelastung im Pferd auslösen. Ermöglichen Sie Ihrem Pferd, sich in einer Kurve anzunähern, wenn es das bevorzugt, reduziert das seinen Stress. Sie können auch selbstständig eine bogenförmige Annäherung initiieren, sowohl beim Reiten als auch beim Führen oder wenn wir uns einem Pferd annähern möchten.

In der Praxis

Der Stresslevel des Pferdes beeinflusst, wie groß der Bogen sein sollte: Zeigt Ihr Pferd starke Stressbelastung, machen Sie den Bogen größer. Zeigt es nur eine leichte Stressbelastung, machen Sie ihn kleiner. Wenn das Pferd entspannt ist, muss man keinen Bogen gehen oder reiten bzw. macht nur ein sehr kleines Ausweichmanöver.

Im Folgenden sind einige Beispiele gelistet, wann eine bogenförmige Annäherung bzw. ein Ausweichen sinnvoll ist.

Bogenförmige Annäherung im Verhältnis zu anderen Pferden oder Tieren auf der Weide: Wenn mein Pferd mit anderen Pferden auf der Weide steht und ich nur mein Pferd von der Weide führen möchte, führe ich es in einem Bogen an den anderen vorbei. Auf diese Weise geben mein Pferd und ich den anderen Pferden ein Calming Signal und mein Pferd kann entspannt(er) bleiben.

Bogenlaufen in Anwesenheit eines angstauslösenden Stimulus: Wenn ich auf der Straße reite, möchte ich sehr gut sichtbar sein. Ich trage eine orange Sicherheitsjacke und reite mehr in der Mitte der Straße.
Nehme ich einen Stimulus wahr, von dem ich denke, dass mein Pferd darauf reagieren wird, mache ich einen Bogen, umrunde quasi das Problem. Indem ich mein Pferd nicht dazu zwinge, in einer geraden Linie auf das Objekt zu oder sehr eng dran vorbeizugehen, wird seine Stressbelastung weniger. Noch

5.5

5.5 Annemarie führt Indy einen Pfad entlang. Neben der Hecke rechts liegen zwei Plastiktüten, die Indy noch nicht kennt.

5.6

5.6 Als Calming Signal für Indy beginnt Annemarie einen Bogen zu laufen.

5.7

5.7 Sie läuft den Bogen weiter.

5.8

5.8 Annemarie geht wieder auf den Pfad.

besser ist es für das Pferd, wenn die Zügel locker sind, sodass es Calming Signals zeigen kann, wenn es das möchte (z. B. Halsabwenden, Kopfabwenden, Absenken von Kopf und Hals). Einen Bogen zu reiten ist besonders nützlich, wenn das Pferd schon unter einer leichten Stressbelastung steht. Hat es dagegen keine Probleme mit dem Objekt, kann ich in einer geraden Linie daran vorbeireiten. Und wenn das Pferd große Probleme mit dem Objekt hat, mache ich den Bogen größer.

Natürlich ist es wichtig, dass der Weg breit genug ist, damit ein Bogen geritten werden kann. Vermeiden Sie Wege, die zu schmal dafür sind, zumindest, bis Ihr Pferd soweit sozialisiert und habituiert ist, dass ein kleiner Bogen zur Entspannung ausreicht.

Das oben beschriebene Bogenreiten als Calming Signal gilt analog, wenn Sie Ihr Pferd an der Hand führen. In diesem Fall stellen Sie aber sicher, dass Sie gleichzeitig zwischen dem Pferd und dem Stimulus splitten. Vermeiden Sie, den Stimulus eventuell zu provozieren. Sie verknüpfen hier zwei Calming Signals: Splitten und Bogenlaufen. Damit ist auch gewährleistet, dass Ihr Pferd von Ihnen wegspringt, wenn es vor dem Stimulus ausweicht. Das bedeutet, dass das Pferd abhängig von der Situation manchmal von links und manchmal von rechts geführt wird.

Bogenlaufen als eine Strategie, um sich einem ängstlichen Pferd anzunähern: Wenn Sie sich einem Pferd annähern und merken, dass dessen Stressbelastung zunimmt, ist eine bogenförmige Annäherung hilfreich. Der Bogen, den sie dann gehen, sollte so groß sein, wie es nötig ist. Fokussieren Sie sich auf einen gedachten Punkt neben oder vor dem Kopf oder der Schulter des Pferdes. Wenn Sie sich solch einem scheuen Pferd annähern, ist es sehr nützlich, wenn Sie Ihre Schulter und Ihren Nabelbereich vom Pferd wegdrehen. Es fühlt sich merkwürdig an, so zu gehen, aber diese Körperstellung (genauso wie der Bogen an sich), reduziert die Stressbelastung des Pferdes.

Wenn Sie den Bogen laufen, gehen Sie ruhig und entspannt. Währenddessen können Sie weitere Calming Signals geben, z. B. den Kopf und/oder Ihre Schultern in einer ruhigen Bewegung weiter abwenden und dann zurück in die Ausgangsposition drehen. Sie können zwischendurch als Calming Signal still stehen bleiben, wenn Sie sehen, dass das Pferd auch Calming Signals zeigt. Dann können Sie überlegen, ob das vielleicht für den Tag schon genug an

Training war oder ob Sie sich nach einer kurzen Pause noch weiter annähern möchten. Weitermachen können Sie, wenn Sie denken, dass das Pferd mit dieser Situation umgehen kann und sich von einer möglichen leichten Stressbelastung erholt, sodass die Übung für das Pferd in einem positiven emotionalen Zustand endet.

5.9

5.10

5.11

5.12

5.9 Indy hat Probleme damit, wenn andere Menschen als ihre Besitzerin auf sie zugehen. Vergleichen Sie die Fotos. Oben nähere ich mich Indy langsam an, aber mein Oberkörper ist ihr mehr frontal zugewandt.
5.10 In dem Moment, in dem ich ihr meinen Nabelbereich zuwende, geht sie weg.
5.11 Ich nähere mich Indy in einem kleinen, langsamen und entspannten Bogen an. Meine Schultern und mein Bauchnabel sind leicht nach links zur Seite gedreht.
5.12 Dies ermöglicht mir, mich Indy anzunähern und sie zu streicheln. Während dieser kurzen Streicheleinheit, die nur ein paar Sekunden dauert, hat Indy ihre Augen geöffnet oder halb geschlossen.

Flanke- oder Hinterhand zuwenden

Pferde drehen ihre Flanken oder ihre Hinterhand in Richtung eines Stimulus, um deutlich zu machen, dass sie die Kommunikation beenden oder zumindest kurz pausieren möchten. Wenn ein Pferd dieses Signal gegen ein anderes Pferd zeigt, stellt das Zuwenden von Flanke oder Hinterhand keine Provokation da. Es ist tatsächlich das Gegenteil: Das andere Pferd erkennt diese Calming Signals und reagiert seinerseits sofort darauf, um Konfliktpotential zu reduzieren – meist, indem es ebenfalls die Hinterhand oder Flanke zeigt und vielleicht auch beginnt zu grasen.

Wenn sich ein Pferd frontal gegen ein anderes Pferd stellt, hat es die Absicht, sich diesem anzunähern. Brust und Vorderbeine deuten dann die kommende Bewegungsrichtung an. Stehen wir frontal vor dem Pferd und blicken es an, interpretiert es das meiner Ansicht nach oft ebenfalls als Absicht zur Annäherung. Das kann einige Pferde ängstigen. Ich habe festgestellt, dass es bei solchen Pferden hilfreich ist, wenn ich mich stattdessen seitlich zum Pferd ausrichte.

Manche Pferde sind so gewöhnt an „frontale" Menschen, dass sie keine äußeren Anzeichen von Stress erkennen lassen, obwohl sie eine erhöhte Herzfrequenz oder erhöhten Blutdruck haben. Ich möchte auch bei ihnen Stress vermeiden. Deshalb habe ich mir angewöhnt, dass ich so oft wie möglich mit abgewandtem Oberkörper und Schultern vor dem Pferd stehe, z. B. wenn ich mich mit jemandem vor einer Box unterhalte oder wenn ich Pferde auf der Weide beobachte. Mein Körper ist dann seitlich positioniert und ich drehe nur meinen Kopf leicht, so, dass ich das Pferd noch ansehen kann. Ich mache das auch, wenn ich ein Halfter anziehe oder eine Satteldecke auflege. Wenn Besucher vor einer Box stehen und ich sehe, dass das Pferd damit Probleme hat, bitte ich die Besucher, sich mit ihrem Rücken oder seitlich zum Pferd zu stellen, damit die Stressbelastung reduziert wird. Wenn das nicht ausreicht, bitte ich auch darum, sich weiter weg zu stellen und splitte zwischen Besucher und Pferd.

Einem Pferd den Rücken oder die Seite zuzudrehen oder mehr Abstand zu halten, ist eine gute Idee bei allen Pferden, die noch nicht vollständig an Menschen sozialisiert und habituiert wurden. Das Pferd kann dann den Anblick und Geruch der Menschen wahrnehmen und fühlt sich aufgrund dieses Calming Signals weniger bedrängt.

Pferde, die sehr entspannt in der Nähe von Menschen sind, vielleicht Aufmerksamkeit möchten oder es gewohnt sind, dass sie auf ein Betteln hin Futter bekommen, können tatsächlich deutlich aktiver werden, wenn man ihnen den Rücken zudreht. Sie knabbern am Menschen oder schnüffeln an den Taschen herum. Ihr Bedürfnis nach Aufmerksamkeit oder Futter ist größer als ihr Bedürfnis, auf dieses Calming Signal zu antworten.

Die richtige Position auswählen

Gestatten Sie Ihrem Pferd, einem Stimulus die Flanke oder Hinterhand zuzuwenden oder stellen Sie es sogar selbst in diese Position. Das ist auch eine Möglichkeit, wie Sie Ihrem Pferd helfen können, ein Objekt zu betrachten, das eine leichte Stressbelastung auslöst. So können Sie an einer Gewöhnung arbeiten, auch wenn das Pferd nicht auf das Objekt zugehen wird. Führen Sie das in kleinen Schritten und mit zunehmender Stressbelastung durch, bevor sich das Pferd dem Objekt selbstständig nähert. Sie kopieren damit das Verhalten Ihres Pferdes, wenn es Objekte beobachtet, denen es noch nicht vertraut. In solchen Momenten, wenn eine leichte Stressbelastung vorhanden ist, will das Pferd damit das Objekt und sich selbst beschwichtigen und beruhigen. Es wendet seine Flanke oder die Hinterhand zu und vielleicht beginnt es auch zu grasen. Sie ermöglichen Ihrem Pferd das Hinterhandzeigen auf einer größeren Distanz zum Objekt und bleiben dann einfach für eine Weile so stehen.

Ein nächster Schritt kann sein, dass das Pferd nur seine Flanke in Richtung auf das Objekt stellt. Ich lasse es währenddessen grasen oder lege etwas Heu auf den Boden. Das Pferd zeigt durch sein Verhalten, wie lange es diese Übung durchführen möchte bzw. mental durchführen kann. Will es raus aus der Situation, lasse ich das zu und gehe ihm hinterher.

Hat das Pferd Probleme mit der Übung, vergrößere ich die Distanz zwischen ihm und dem Objekt, oder ich mache das Objekt kleiner, oder ich führe eine kurze praktische Sequenz ein, in der ich das Pferd wiederholt in die Situation hinein- und wieder herausführe, sodass sich Übung und Pause abwechseln.

Hinweis: Ist Ihr Pferd stark gestresst, weil Sie vielleicht zu nahe an das Objekt herangegangen sind, und Sie stellen es dann mit der Hinterhand gegen das Objekt, kann Ihr Pferd dies als ein Signal zur Flucht interpretieren. Deshalb ist es so wichtig, dass Sie Stresssignale erkennen können. Wenn Sie sich unsicher sind, halten Sie lieber größeren Abstand zu dem Objekt – besser mehr als zu wenig.

Angstauslöser bewältigen

Diese Herangehensweise steht im Gegensatz zu dem, was man oft sieht: Der Kopf des Pferdes wird in Richtung auf das angstauslösende Objekt gestellt. Das bedeutet automatisch größeren Stress, das Pferd kann in solch einer Situation einfrieren. Ich habe Reiter gesehen, die dieses Einfrieren als eine temporäre Lösung bei einem akuten Problem eingesetzt haben, z. B. wenn sie auf einer sehr schmalen Straße ritten und ihnen ein Lastwagen entgegenkam. Der Reiter stellte sein Pferd so, dass beide den Lastwagen sehen können. Weil das Pferd aufgrund der starken Stressbelastung einfror, konnte der Reiter warten, bis der Lastwagen vorbeigefahren war, und dann seinen Ritt fortsetzen. Bei dieser Methode besteht allerdings das Risiko, dass das Pferd eine zusätzliche negative Verknüpfung mit dem Angstauslöser erlernt. Es ist eine Möglichkeit, mit so einer Situation umzugehen, aber es ist keine Lösung für das grundsätzliche Problem. Deshalb befürworte ich solche Methoden auch nicht. Ich würde zunächst vermeiden, sehr schmale Straßen entlang zu reiten und diese erst dann gehen, wenn ich genügend mit meinem Pferd trainiert habe und es mit einem Lastwagen klarkommt.

Wenn Sie Ihr Pferd anbinden, sollten Sie die Position Ihres Pferdes berücksichtigen. Sind andere Pferde da, in deren Nähe Ihr Pferd nicht entspannt ist? Dann wäre es besser, Ihr Pferd so zu positionieren, dass es mit seiner Hinterhand in Richtung der anderen Pferde steht.

Denken Sie auch an die Situation, wenn das Heu in den Boxen verteilt wird. Falls Ihr Pferd neben einem Pferd steht, das beim Fressen eine Reihe von Distanz vergrößernden Signalen zeigt, sollten Sie sein eigenes Heu in die entgegengesetzte Ecke der Box legen. So kann Ihr Pferd beim Fressen dem anderen Pferd die Hinterhand zeigen. Dies senkt seine Stressbelastung und entspannt unter Umständen auch das andere Pferd. Sollte sich das Verhältnis während der Fütterungszeit zwischen den beiden verbessern, können Sie das Heu so platzieren, dass Ihr Pferd dem anderen Pferd seine Flanke zudreht.

Stillstehen

Wenn ein Pferd während eines Ritts oder beim Spazierenführen stoppt und stillsteht, hat es immer einen Grund dafür, auch wenn wir den nicht wahrnehmen können. Es kann sein, dass Ihr Pferd durch etwas, was es sieht, beunruhigt ist, ein ungewohntes Geräusch hört oder etwas riecht, was es nicht einordnen kann. Hier sehe ich einen klaren Unterschied zwischen Pferden und

Menschen: Menschen nutzen ziemlich schnell aktive Problemlösungsmöglichkeiten. Das Problem, dass das Pferd nicht weiter gehen will, muss gelöst werden. Es werden vielleicht die Gerte oder Sporen eingesetzt, man schimpft, oder der Reiter sitzt ab und zieht das Pferd weiter. In solchen Momenten sind wir deutlich ungeduldiger als das Pferd, das sich sehr viel mehr Zeit gibt, um herauszufinden, was es beunruhigt und ob es sicher weitergehen kann. Es wäre wirklich dumm, wenn wir nicht die Geduld aufbringen, dem Pferd diese Zeit zu erlauben – stillzustehen, sich umzusehen, zu hören und zu fühlen.

So eine Situation gibt uns, dem Reiter, die Chance herauszufinden, welcher Stimulus dem Pferd Probleme macht. Das können wir anschließend in unser Trainingsprogramm aufnehmen! Es gibt uns auch die Möglichkeit, unsere Flexibilität und Geduld in einer Situation zu üben, die nicht wie geplant abläuft. Der größte Vorteil für mich ist aber, dass ich dadurch an den Fähigkeiten meines Pferdes arbeiten kann, mit Stimuli umzugehen.

Zeit geben, Zeit gewinnen

Stellen Sie sich vor, dass Ihr Pferd stehenbleibt, weil es durch etwas beunruhigt ist. Versuchen Sie dann nicht, Dinge zu beschleunigen. Passen Sie Ihre eigenen Pläne an. Denken Sie für einen Moment an die Vorteile. Ihr Pferd ist durch etwas beunruhigt. Sie können hier und jetzt mit ihm üben. Was sollten Sie tun? Nichts! Geben Sie ihm die Zeit, die es braucht – zum Hören, Beobachten und Riechen bis zu dem Moment, in dem es denkt: „Die Situation ist sicher", und weitergeht. Das hat viele Vorteile: Sie verhindern, dass die Stressbelastung weiter ansteigt und dass sich negative Assoziationen mit dem Stimulus ausbilden, mit der Örtlichkeit, oder mit Ihnen selbst. Sie verhindern, dass Ihr Pferd Flucht- oder Angriffsverhalten zeigt. Und Sie riskieren nicht Ihr gutes Verhältnis zu Ihrem Pferd. Was Ihr Pferd erfährt und lernt, ist, dass es sich die Zeit nehmen kann, die es braucht, um etwas über ein Objekt, eine Person, ein Tier herauszufinden, und ob das- oder derjenige ungefährlich ist. Dadurch wird Abhängigkeit verhindert und Unabhängigkeit gefördert. Sie geben den Staffelstab des Lernens an Ihr Pferd weiter. Wenn es entscheidet, dass das Objekt ungefährlich ist und dass man daran vorbeigehen kann, dann wird es das tun und hat etwas für sich selbst gelernt. Das stärkt sein Selbstvertrauen und hat einen positiven Effekt für die Zukunft. Es wird immer mutiger werden. Die Zeit, die Sie hier investieren, damit das Pferd sich entscheiden kann, wird in Zukunft die Zeit verkürzen, die Sie warten müssen, damit das Pferd über „gefährlich" oder „ungefährlich" entscheidet. Besonders, wenn Sie zusätzlich die Übungen durchführen, die ich im nächsten Kapitel beschreibe.

Wenn ich meinem Pferd Zeit gegeben habe, musste ich niemals länger als 25 Minuten warten, bis es sich entschieden hatte, an einem potenziell gefährlichen Stimulus vorbeizugehen. Danach wurden die Zeitabstände schnell immer kürzer, bevor das Pferd einfach entspannt an problematischen Dingen vorbeigegangen ist. Wenn Sie keine langen Wartezeiten mögen, denken Sie daran, dass diese Methode wirklich einen langanhaltenden positiven Effekt hat, weil das Pferd Lebensweisheiten lernt, die es in der Zukunft nutzen kann.

Natürlich ist es gerade bei dieser Methode wichtig, dass Sie erkennen, ob Ihr Pferd unter einer leichten oder starken Stressbelastung steht. Starrt es ein Objekt an und steht dabei wie festgenagelt, bereit, jede Sekunde wegzuspringen, dann ist diese Methode noch keine Option. Ihr Pferd ist nicht bereit dafür. Die einzige Möglichkeit, die Sie dann haben, ist die Distanz zwischen Pferd und Objekt zu vergrößern, sodass Ihr Pferd es betrachten, riechen oder hören kann. Wenn der Stimulus nicht verschwindet und die Stressbelastung Ihres Pferdes hoch bleibt, sollten Sie Ihren Plan ändern und sich von dem Objekt entfernen. Dies ist kein Zeichen von Schwäche, sondern tatsächlich ein Zeichen von Stärke. Immerhin möchten Sie Ihr Pferd nur in Situationen bringen, die es auch bewältigen kann, es soll auf Dauer emotional stärker werden und Vertrauen in Ihre Führungskraft und Ihre Qualitäten als Sicherheitsgeber bekommen.

Es ist wichtig, sich den Stimulus zu merken, der Ihrem Pferd Probleme gemacht hat. Entwickeln Sie dann einen Plan, wie das Pferd daran gewöhnt werden kann. So werden Sie in Zukunft problemlos Objekte passieren können, die anfangs starke Angst auslösten.

Wenn Sie die Distanz nicht vergrößern, aber auch nicht zurückgehen oder eine alternative Route nehmen können, steigen Sie ab und führen Ihr Pferd. Für einige Pferde ist dies sehr hilfreich. Sie können es im Ernstfall auch in der Mitte einer Gruppe von Pferden führen, die keine Angst haben. Vorab die Route zu planen, die man reiten möchte, und sie einmal mit dem Fahrrad abzufahren, ist eine wichtige Grundlage für die Sozialisation und Habituation des Pferdes. Man kann z. B. aus der Zeitung erfahren, wann in bestimmten Gebieten Bäume gefällt werden, wann es ein Radrennen gibt oder eine Drückjagd, wann der Müll abgeholt wird oder der Motorradclub einen Ausflug macht. Und auch wenn solche Managementmaßnahmen nie perfekt durchgeführt werden können, sind dadurch doch einige Ereignisse vorhersehbarer.

5.5 EMPOWERMENT – DAS PFERD STÄRKEN

Ein Trainingsprogramm für ein Pferd zu designen, bei dem bestimmte reiterliche Ziele abgearbeitet werden sollen, ist für viele Reiter normal. Ein strukturiertes Programm zu entwerfen mit Hinblick auf die emotionale Entwicklung des Pferdes, wird deutlich seltener gemacht, obwohl es so viele Vorteile hat. Wenn ein Pferd unabhängig von uns, ohne Angst, mit diversen Umweltstimuli umgehen kann, hat es:

— eine größere Fähigkeit zu logischem Denken;
— eine größere Fähigkeit zur Gedächtnisbildung und Kognition;
— eine größere Motivation, neue Dinge auszuprobieren;
— ein größeres Bedürfnis, soziale Kontakte zu starten und zu halten;
— eine größere Begeisterung für Aktivitäten,
— eine größere Lebensfreude.

Es zeigt

— weniger Angst- und Aggressionsreaktionen;
— weniger Überreaktionen;
— weniger Angst vor unbekannten Dingen.

Es hat

— ein geringeres Risiko, chronischen Stress, Depressionen, Lethargie oder erlernte Hilflosigkeit zu entwickeln;
— ein gesundes Immunsystem
— und damit ein geringeres Risiko, stressbedingt zu erkranken.

Die Rolle des Gehirns

Gehirne sind plastisch. Sie passen sich an und gewöhnen sich an eine sich ändernde Umgebung und andere Lebensumstände – auch noch in hohem Alter. Diese Anpassungs- und Veränderungsprozesse werden durch Stimulation ausgelöst und finden auf verschiedenen Ebenen statt:

— Die Anzahl von Rezeptoren und Synapsen wird erhöht, sodass mehr Information aufgenommen und verarbeitet werden kann.
— Die Menge an Informationen, die das Gehirn insgesamt bewältigen kann, erhöht sich.
— Es kommt zu einer stärkeren Durchblutung in den aktiven Bereichen des Gehirns, was die Zellaktivität fördert.

— Es bilden sich neue Nervenzellen und Verknüpfungen, sodass neue Wege entstehen, über die Information weitergegeben wird.

Dies gilt für jedes Pferd, unabhängig von seinem mentalen Zustand. Ein gut durchdachtes Trainingsprogramm, eventuell nötige Änderungen bei den Lebensumständen des Pferdes und in der Art und Weise, wie mit ihm umgegangen wird, verändern das Gehirn und damit die physische und psychische Gesundheit des Pferdes. Dies betrifft nicht nur gesunde Pferde, sondern auch Pferde, die schon eine milde oder stärkere Depression, erlernte Hilflosigkeit oder eine chronisch erhöhte Stressbelastung erleiden.

Fördern Sie Ihr Pferd, damit es weniger abhängig von Ihnen ist. Ermöglichen Sie ihm, selbstständig mit der Welt zu interagieren, mit allen Stimuli, denen es begegnet, und dadurch auch glücklicher und entspannter im Leben zu sein. Das ist eine Entscheidung, die Sie für jedes Pferd und in jeder Situation treffen können. Was braucht es dafür?

Geben Sie Ihrem Pferd Wahlmöglichkeiten

Selbstbestimmung, die Möglichkeit, die eigene Umgebung zu beeinflussen, die Fähigkeit, selbst Entscheidungen zu treffen: All dies erhöht die Lebensfreude Ihres Pferdes und verhindert, dass es eine erlernte Hilflosigkeit, Passivität, möglicherweise Lethargie oder Depression entwickelt. Es ist deshalb eine gute Idee, darüber nachzudenken, welche Wahlmöglichkeiten Sie Ihrem Pferd zugestehen möchten, und welche Sie auch praktisch zugestehen können.

Wenn Sie Ihrem Pferd Wahlmöglichkeiten geben, ist es wichtig, dass dies echte Wahlmöglichkeiten sind und keine Entscheidungen, die dann doch wieder durch den Menschen vorgegeben werden. Stellt man sein Pferd auf einen Paddock und sagt, hier wäre es frei zu entscheiden, wo und wie es sich darin bewegt und welches Gras es frisst, dann ist das nicht die Art von Wahl, die ich meine. Die Wahlmöglichkeiten, auf die ich mich beziehe, müssen für das Pferd einen Wert haben. Es muss durch Nachdenken wirklich eine Entscheidung fällen können. Zum Beispiel:

— Das Pferd kann die Führung übernehmen, wenn Sie gemeinsam im Gelände spazierengehen, und auch entscheiden, welchen Weg Sie nehmen (Bild 5.13).
— Das Pferd kann bei einem Ausritt entscheiden, wo es langgeht.

5.13 Ristin und Indy gehen im Gelände spazieren. Indy geht voran und bestimmt die Richtung.

— Das Pferd kann entscheiden, auf welchen Paddock es geführt wird.
— Das Pferd kann sich zwischen Karotten und Äpfeln entscheiden: Sie bieten je eines in jeder Hand an und schauen, was es vorzieht – oder Sie überlegen sich andere Fütterungsentscheidungen.
— Das Pferd kann entscheiden, wie lange der Ausritt oder die Trainingseinheit dauert.
— Das Pferd kann entscheiden, wann es eine Pause braucht.
— Das Pferd kann entscheiden, wie lange es geputzt werden möchte.
— Das Pferd kann entscheiden, ob es sich einem neuen Stimulus annähern möchte oder nicht. Es wird nicht zu einer Entscheidung gezwungen.
— Das Pferd kann entscheiden, wann es während einer Physiotherapie oder irgendeiner anderen Behandlung eine Pause benötigt.

Wenn Sie wissen, worauf Sie achten müssen, zeigt Ihnen das Pferd auch, was es möchte. Hier einige Möglichkeiten, wie das aussehen kann:

1. Das Pferd schaut mit hohem Kopf in die Richtung, in die es gehen möchte. Beide Ohren sind nach vorne gerichtet. Es blinzelt nicht. Es steht still und bewegt sich nicht. Die Position ist vergleichbar mit der, wenn ein Pferd einen Stimulus beobachtet.
2. Das Pferd zeigt die gleiche Stellung wie in Punkt 1, mit dem Unterschied, dass es seine Nase wiederholt einige Zentimeter vor- und zurückbewegt, und das in die Richtung, in die es gehen möchte. Vielleicht zeigt es so auch auf ein Objekt, das in seinem Fokus ist.
3. Das Pferd zeigt die gleiche Stellung wie in Punkt 1, mit dem Unterschied, dass das Pferd jetzt Kopf und Hals bewegt. Es zeigt mit dem Kopf in die Richtung, in die es gehen möchte. Es kann unter Umständen sogar ein paar Schritte in die Richtung machen oder marschiert einfach los. Wenn es daran gehindert wird, scharrt es vielleicht mit einem Huf.
4. Das Pferd zeigt mit der Nase auf das Objekt, auf dass es Sie aufmerksam machen möchte, vielleicht berührt es das sogar. Dies kann z. B. sein, wenn ein Pferd Futter möchte und deshalb zum Futtertrog geht und ihn mit der Nase anstupst.

Bevor ein Pferd beginnt, etwas auf die eine oder andere Art anzuzeigen, hat es vielleicht vorher Augenkontakt mit Ihnen aufgenommen. Möchte es etwas, zu dem Sie es aufgefordert haben, nicht machen, dann zeigt es Calming Signals und/oder wendet sich von der Situation und Ihnen ab.

Reduzieren Sie Kontrolle und Kommandos

Wenn Sie Ihrem Pferd mehr Wahlmöglichkeit lassen, müssen Sie für seine und Ihre Sicherheit sorgen. Überlegen Sie sorgfältig, in welchen Kontexten und Situationen Sie Wahlmöglichkeiten gewähren und ob Sie diese Situationen für immer oder so oft wie möglich in das Leben integrieren können. Vielleicht gestalten Sie stattdessen gewisse Momente, in denen das Pferd Wahlmöglichkeit hat. Lassen Sie Ihr Pferd wählen, wenn Sie die volle Kontrolle über die Situation haben und damit auch Sicherheit garantieren können.

Sie müssen die Balance finden zwischen den Momenten, in denen Sie Ihrem Pferd Freiheiten geben, und den Momenten, in denen Sie bestimmen und das Pferd folgt. Wenn sie beide (und vor allen Dingen Sie selbst) so etwas zum ersten Mal machen, ist das eine Phase, in dem beide neue Grenzen finden müssen: Ihre eigenen Grenzen, aber auch, was Sie akzeptabel für Ihr Pferd finden.

In der Praxis

Einige Besitzer bevorzugen für solche Momente, in denen das Pferd wählen darf, ein klares Signal, z. B.: „Alles ist gut“ oder „Du darfst“. Sie geben vielleicht auch (oder als einziges Signal) ein körpersprachliches Signal: Sie drehen sich deutlich weg, wenn das Pferd frei entscheiden kann. Wenn sich die Situation ändert und der Mensch wieder die Kontrolle übernehmen muss, gibt es ein anderes Signal, wie z.B: „Jetzt bin ich wieder dran.“

Oft ist es unnötig, deutlich zu sagen, wer was wann machen kann oder will, weil bestimmte Kontexte vom Pferd gelernt wurden. Wenn Ihr Pferd weiß, dass es sich während des Putzens bewegen kann, dann kann es Ihnen zeigen, wo es gerne geputzt werden möchte. Dafür brauchen Sie kein separates Signal. Wenn Sie Ihr Pferd an der Hand führen und es vorangehen lassen, dann wird es Sie dahin führen, wo es gerne hin möchte. Auf diese Art und Weise bekommen Sie auch eine Vorstellung, welche Orte Ihr Pferd gerne besucht. Ist es auf der Suche nach neuen Stimuli und möchte neue Wege oder Objekte erkunden, oder bleibt es lieber in den bekannten Bereichen und bei den bekannten Dingen?

Achten Sie auf Ihr eigenes Verhalten und analysieren Sie, wie viele verbale und nicht verbale Signale Sie geben. Sind die wirklich alle nötig? Vielleicht können Sie einige davon sein lassen und erlauben Ihrem Pferd dadurch mehr Freiheit.

Integrieren Sie Spiele in die gemeinsame Zeit

Zu spielen hat einen positiven Effekt auf das Wohlbefinden des Pferdes und sein Gehirn. Opioide und Dopamin, die während des Spiels ausgeschüttet werden, lösen eine Art Glücksgefühl aus. Spiel scheint auch eine passende Therapie gegen Depressionen zu sein und kann Teile des Gehirnes „reparieren“, die durch Stress beschädigt wurden[5].

Darüber hinaus können Sie sich auch Spiele ausdenken, die eine kognitive Herausforderung für Ihr Pferd bedeuten. Das wäre dann wirklich toll im Hinblick auf optimale Lebensbedingungen – aber es ist auch eine echte Herausforderung für den Menschen. Sich in ein Spiel hineinzudenken und zu lernen, wie es funktioniert, ist etwas, was ein Pferd nur einmal macht. Vielleicht braucht es mehrere Versuche, wenn das Spiel sehr herausfordernd ist. Das geht uns nicht anders. Wenn wir herausgefunden haben, wie ein Zaubertrick

funktioniert, dann haben wir es für jetzt und immer herausgefunden[6]. Nehmen wir z. B. ein Spiel, bei dem Sie einen Apfel in einem Wassereimer schwimmen lassen. Schauen Sie, ob Ihr Pferd Spaß daran hat, den Apfel herauszufischen. Wenn es die Einladung annimmt, wird es mehrmals versuchen, den Apfel zu erwischen. Während es das macht, wird es lernen, dass es seinen Atem unter Wasser anhalten muss, und dass es Blasen erzeugen kann, wenn es unter Wasser ausatmet. Das erste Mal, wenn es erfolgreich den Apfel herausholt, und das erste Mal, wenn es herausfindet, den Atem anzuhalten und Blasen zu erzeugen, sind die Momente, in denen Sie Ihr Pferd mental stimuliert und seine kognitiven Fähigkeiten angeregt haben. Das nächste Mal, wenn Sie dieses Spiel spielen, wird nichts Neues im Gehirn ihres Pferdes stimuliert. Die Entdeckung wurde gemacht. Der Apfel im Wasser ist Routine geworden.
Ich setze drei Arten von Spiel ein, die ich weiter unten beschreiben werde:

1. Angereicherte Umwelt gestalten und mit dem Pferd besuchen
2. Nasenarbeit und Schnüffelspiele
3. Spiele, die alle Sinne anregen

Angereicherte Umwelt

Umweltanreicherung bedeutet, dass Sie vorübergehend neue, wechselnde Elemente in einen größeren Raum stellen. Diese neuen Elemente können ganz unterschiedlich sein. Sie können z. B. Decken auf den Boden legen. Wenn diese Decken dann auch noch einen speziellen Geruch haben, ist es eine zusätzliche Stimulation für Ihr Pferd. Denken Sie auch an Pappschachteln in unterschiedlichen Größen, eine Tasche, gefüllt mit Verpackungsmaterial aus Plastik oder Plastikflaschen (ohne Verschluss), einen Stock oder einen Schwimmring. Ich gehe dazu einfach durch meinen Keller zu Hause. Es sind normale alltägliche Gegenstände aus dem Haushalt, die sehr interessant für ein Pferd sein können: ein Stuhl, ein Besen auf dem Boden, eine zusammengeklappte Trittleiter, ein Springseil, eine Hundeleine, eine Einkaufstasche, kleine Flaggen an einem Band, die im Wind hin und her flattern.

Die angereicherte Umgebung stimuliert das Pferd, selbstständig zu erkunden, zu riechen, zu schmecken, Dinge zu berühren und vor allen Dingen, sich dazu zu entscheiden. Es sind neue Stimuli, und es ist eine mentale Stimulation, die im Endeffekt zu einem besseren Verständnis der Welt, einer besseren Sozialisation und Habituation führt. Unterschiedliche Dinge zu erkunden, löst auch die Ausschüttung von Endorphinen aus und erhöht damit wieder das Wohlbefinden. Es gibt einige goldene Regeln im Zusammenhang mit der Umweltanreicherung.

Die Gegenstände müssen sicher sein.
Die Gegenstände dürfen nicht zu klein sein, damit das Pferd sie nicht fressen kann. Es dürfen keine kleinen Teile wie z. B. Flaschendeckel leicht abzulösen und abzukauen sein. Taschen sollten keine Griffe haben, in denen sich das Pferd mit den Beinen verfangen könnte.

Es muss genügend Raum zur Verfügung stehen.
Sie platzieren die Gegenstände in einem Teil des Bereichs, in dem sich das Pferd aufhält, aber ein großer Bereich bleibt leer. Dadurch wird das Pferd nicht mit Stimuli überflutet und es kann zunächst aus der Distanz entscheiden, ob es die Gegenstände lieber beobachtet oder ob es sich annähert. Es kann sich auch zurückziehen, wenn es eine Pause braucht, bevor es wieder auf die Objekte zugeht. Deshalb muss die Umgebung genug Platz bieten für so eine Übung: Paddock, eine Weide oder ein Reitplatz. Stellen Sie sich vor, Sie hätten die Gegenstände in die Box gestellt und das Pferd kann sich nicht davon zurückziehen. Dann geben Sie ihm keine Wahlmöglichkeit. Sie zwingen es, mit den Objekten zu interagieren und überfordern es vielleicht. So etwas sollte nicht passieren.

Beginnen Sie mit kleinen, einfachen und ruhigen Übungen.
Wenn Ihr Pferd neue Stimuli generell sehr vorsichtig erkundet, sorgen Sie dafür, dass die Umgebung ruhig ist, wenn es zum ersten Mal damit konfrontiert wird.
Beschnuppert Ihr Pferd das erste Mal einen Plastikball und gleichzeitig macht jemand Lärm, kann sich das Pferd erschrecken und diesen Schreck mit dem Objekt oder dem gesamten Kontext verknüpfen. Zu Beginn sollten sich die Gegenstände nicht bewegen oder von Ihnen herumgetragen werden. Das kann ebenfalls Angst auslösen. Sie möchten immer, dass die Übungen ruhig und entspannt beginnen und enden. Dafür ist es besser, eine sehr kleine und einfache Umweltanreicherung zu planen als eine zu schwere. Änderungen können Sie dann jederzeit einbauen.

Das Pferd entscheidet über die Erkundung, der Mensch mischt sich nicht ein.

Sie können eine angereicherte Umwelt aufbauen und dann Ihr Pferd in die Örtlichkeit entlassen. Sie können sich auch entscheiden, Ihr Pferd zunächst an einer Longe zu halten und ihm hinterherzugehen. Natürlich sollte Ihr Pferd dann an die Longe gewöhnt sein und dadurch nicht schon in eine höhere Stressbelastung kommen.

Das Ziel einer angereicherten Umwelt ist es, das Pferd unabhängiger zu machen, sodass es mehr Spaß daran hat, neue Stimuli zu erkunden. Darum sollte das Pferd nicht zu einer Interaktion mit dem Objekt gezwungen werden. Sie zerren das Pferd nicht zu einem Objekt, Sie locken es nicht mit Leckerli, rufen es nicht zum Objekt und springen auch nicht selbst darüber, um zu zeigen, dass es ungefährlich ist. Wird Zwang ausgeübt, ist der Emotionszustand nicht positiv. Wenn Sie gezwungen werden, Ihre Ängste zu überwinden, werden diese eher größer werden und Sie werden immer weniger bereit sein, neue Dinge auszuprobieren. Wenn Sie mit Leckerli locken, kommt das Pferd, um das Futter zu bekommen und nicht, um das unbekannte Objekt zu untersuchen. Wenn Sie sprechen und auf dem Platz herumgehen, lenken Sie Ihr Pferd von seinen eigenen Erkundigungen ab. Das Gleiche gilt, wenn Sie die angereicherte Umgebung zu einer Berührungsübung machen, bei der das Pferd belohnt wird, wenn es etwas mit der Nase berührt. Tun Sie es nicht. Es ändert den ganzen Prozess in eine Gehorsamsübung und Sie geben Ihrem Pferd keine Chance, selbstständig zu agieren.

Pferde, die sehr kontrolliert leben, und denen nicht erlaubt wird, „einen Fuß falsch zu setzen", werden neue Objekte oft schneller und besser erkunden, wenn der Besitzer nicht anwesend ist oder zumindest weit weg steht. Ich sehe das auch bei meinen Schnüffelspielen. Wenn ich einige Leckerli auf den Boden werfe, während der Besitzer nicht anwesend ist, wird das Pferd danach suchen und sie fressen. Wenn der Besitzer anwesend ist, ergreifen manche Pferde bei genau der gleichen Übung nicht mehr die Initiative. Und das nicht nur, weil sie vielleicht gelernt haben, dass ihre Besitzer ihnen nicht erlauben, die Initiative zu übernehmen. Vielleicht haben sie auch das Futter mit ihren Besitzern assoziiert. Die Besitzer sind dann so eine Art Automat, der Futter ausspuckt. In diesem Fall kann das selbstständige Suchen nach Futter für die Pferde erstmal schwierig sein.

Trifft das auf Ihr Pferd zu? Dann bitten Sie jemanden, der Ihr Pferd kennt und mit dem es entspannt ist, um Hilfe. Bleiben Sie selbst auf eine gewisse Distanz. Wenn Ihr Pferd begeistert sucht, reduzieren Sie diese Distanz langsam, indem Sie sich Schritt für Schritt annähern, bis Sie eng neben Ihrem Pferd stehen und es nicht länger durch Sie abgelenkt ist. Dies kann in einer einzigen Trainingseinheit ablaufen oder es braucht mehrere Trainingseinheiten. Ich habe die Erfahrung gemacht, dass der Spaß am Erkunden immer über einen eventuell vorhandenen Gehorsam gewinnt.

Setzen Sie Ihr Wissen über Pferdesprache ein.
Beobachten Sie Ihr Pferd und studieren Sie seine Calming Signals oder anderen körpersprachlichen und mimischen Signale, die es einsetzt. Achten Sie darauf, ob Ihr Pferd mentale Anspannung bis hin zur starken Stressbelastung zeigt oder nicht. Versuchen Sie, zu identifizieren, was diese Stressbelastung auslöst. Zeigt Ihr Pferd nur Calming Signals, wenn es unter einer leichten bis mittleren Stressbelastung steht, geben Sie ihm einfach Zeit. Es kann sich das Objekt aus einer gewissen Distanz anschauen – das ist auch ein Lernprozess.

Sehen Sie, dass die Stressbelastung zunimmt, erkennen Sie unter Umständen auch Distanz vergrößernde Signale, dann haben Sie unbewusst und unbeabsichtigt die Umweltanreicherung zu schwierig gemacht. Führen Sie Ihr Pferd weg und ermöglichen Sie ihm, sich zu entspannen. Dann ändern Sie die Umweltanreicherung und lassen es noch einmal probieren. Ist Ihr Pferd entspannt, möchte sich aber den Objekten immer noch nicht annähern, können Sie selbst zwischen den Objekten langsam herumgehen – alleine, Sie führen das Pferd nicht. Sie können auch, als Ausnahme zu meinem früheren Hinweis, dass das Pferd nicht mit Leckerchen gelockt werden sollte, Futter auf die Objekte legen. Aber ich mache dies nur ein- oder zweimal. Danach ist das Pferd in der Regel fasziniert davon, die neuen Objekte auch so zu untersuchen.

Eine Umweltanreicherung muss nicht immer speziell aufgebaut werden (Bild 5.14). Manchmal ergibt sie sich einfach aus der Welt an sich. Wenn Sie ein Auge dafür haben, können Sie Ihrem Pferd auch reale Umweltanreicherungen bieten (Bild 5.15, 5.16). Halten Sie bei einem Ausritt an verschiedenen Orten an, lassen Sie Ihr Pferd die Umgebung untersuchen. Sie können es auch an Kothaufen anderer Pferde schnuppern lassen; allerdings sollten Sie dann sicher sein, dass Ihr Pferd sich nicht mit Krankheitserregern infizieren kann.

5.14

5.15

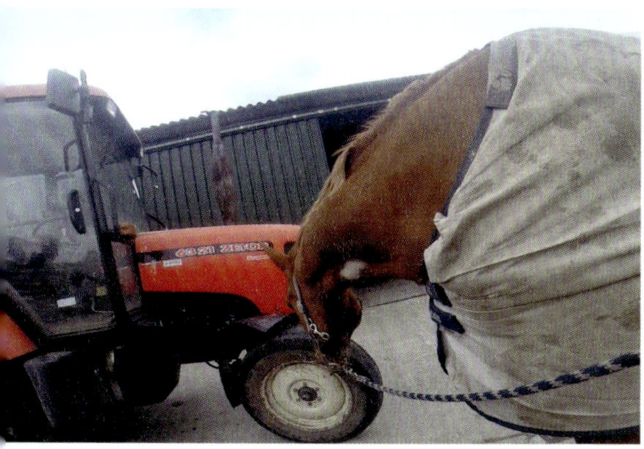

5.16

5.14 Ein Beispiel für eine angereicherte Umwelt
5.15 Ein Beispiel für eine angereicherte Umwelt aus dem realen Leben
5.16 Ich sehe, dass Vosje den Traktor untersuchen möchte. Beachten Sie, dass der Strick lose ist. Ich stehe hinter Vosje und er entscheidet über Herangehensweise und Tempo der Begutachtung.

Nasenarbeit und Schnüffelspiele

Pferde haben einen außergewöhnlich guten Geruchssinn. Auch wenn es schwer ist, exakt herauszufinden, wie gut sie im Vergleich zu anderen Säugetieren riechen können, wurde dies wissenschaftlich untersucht. Laurie Issel-Tarver, Jasper Rine und Yoshihito Niimura haben z. B. die Funktion der Gene der Riechrezeptoren von verschiedenen Säugetieren inklusive Pferd, Hund und Mensch untersucht, ebenso die Größe des Riechkolbens im Gehirn und der Riechschleimhaut. Man nimmt an, dass die Nasenleistung eines Lebewesens umso besser ist, je mehr Gene für Riechrezeptoren vorhanden sind und je größer dadurch auch der Riechkolben ist.

Bisherige Untersuchungen [7, 8, 9] zeigen, dass die olfaktorischen Fähigkeiten eines Pferdes leicht schlechter sind als die von Hunden, aber deutlich besser als die von Menschen.

Reitern fällt dies oft auf, wenn sie beobachten, wie sich ihr Pferd anspannt, nachdem es einen Geruch wahrgenommen hat. Der Geruchssinn der Pferde wird nicht oft im Umgang und im Training eingesetzt. Dies ist schade, weil Nasenarbeit viele Vorteile bringen kann:

- Indem ich meinem Pferd ermögliche, seine Umwelt geruchlich zu erkunden, kann es sie besser kennenlernen, findet sich besser darin zurecht und ist weniger ängstlich.
- Nasenarbeit macht das Pferd unabhängiger und gibt ihm Selbstvertrauen. Mit seiner Nase kann es Dinge wahrnehmen, die wir nicht wahrnehmen können.
- Sie bedient die natürlichen Fähigkeiten von Pferden. Dadurch wird Dopamin freigesetzt und damit das Wohlbefinden des Pferdes gesteigert[2].
- Je mehr Nasenarbeit Sie machen, desto motivierter ist das Pferd. Und dies nicht nur wegen der am Ende gefundenen Belohnung, sondern wegen der Tätigkeit an sich[2].
- Sie ist eine mentale Herausforderung und ermüdend.
- Sie entspannt.
- Sie ist eine gute Übung, wenn das Pferd Ablenkung braucht.
- Sie ist eine gute Beschäftigung, wenn das Pferd sich z. B. aufgrund einer Verletzung nicht viel bewegen kann oder darf.
- Nasenarbeit ist eine Spaßübung, sowohl für das Pferd als auch für den Menschen.
- Sie fördert den Teamgeist.

In der Praxis

Es hat viele Vorteile, die olfaktorischen Fähigkeiten von Pferden zu nutzen. Indem Sinnesorgane wie Nase, Augen und Ohren stimuliert werden, gibt man dem Pferd auch eine intensive mentale Stimulation. Dies ist besonders wichtig, weil in reiterlichen Trainingsprogrammen oft ein Ungleichgewicht zwischen vielen physischen Übungen und wenigen psychischen Übungen besteht. Die Pferde, mit denen ich Nasenarbeit gemacht habe, hatten dabei immer sehr viel Spaß.

Die größte Herausforderung ist es, das Pferd angemessen zu stimulieren, damit es überhaupt mitmacht – besonders, wenn es stattdessen einfach auch beschließen könnte zu fressen. Deshalb sollte man zu Beginn solcher Schnüffelspiele sicherstellen, dass das Pferd nicht sehr hungrig ist. Wenn das Pferd die Übungen einmal begriffen hat, ist es auch mit Fokus dabei. Ich habe die Spiele, die ich im Folgenden aufliste, während Turid Rugaas' „International Dog Training School" und Anne Lil Kvams „Nosework Education Programme" gelernt. Diese Übungen waren ursprünglich für Hunde gedacht, aber sie sind auch bei Pferden einsetzbar. Nasenarbeit und Schnüffelspiele für Pferde können die verschiedensten Aufgaben beinhalten:

— Futtersuche: Das Pferd sucht locker verteilte Futterbröckchen auf unterschiedlichen Oberflächen. Sie können Farbe und Größe der Leckerlis ändern, um die Übung einfacher oder schwieriger zu machen.
— Futterspur: Das Pferd folgt einer Spur von Futterbröckchen, bei der die Distanz zwischen den Leckerlis zunimmt, wenn die Übung schwieriger sein soll.
— Geruchsdiskriminierung (Bild 5.17): Das Pferd soll das korrekte Gewürz aus einer Gruppe von verschiedenen Gewürzen herauspicken.

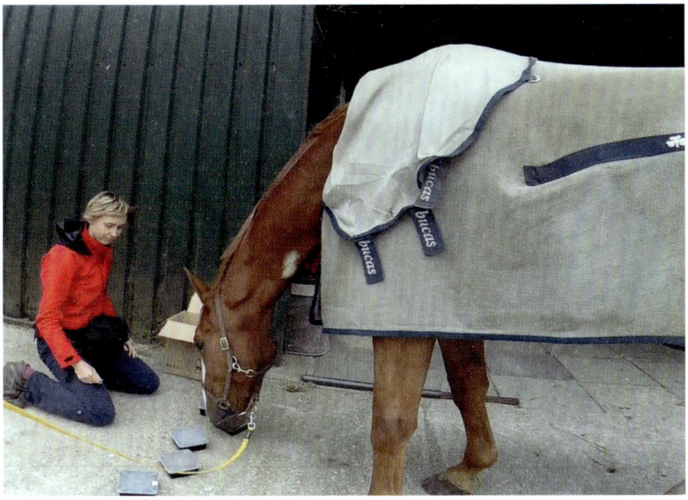

5.17 Els macht eine Übung zur Geruchsdiskriminierung. Vosje zeigt das Gewürz an, nach dem gesucht wird (in diesem Fall Dill). Jeder Container enthält ein bestimmtes Gewürz. Die Deckel haben Löcher, sodass das Pferd das Gewürz riechen kann.

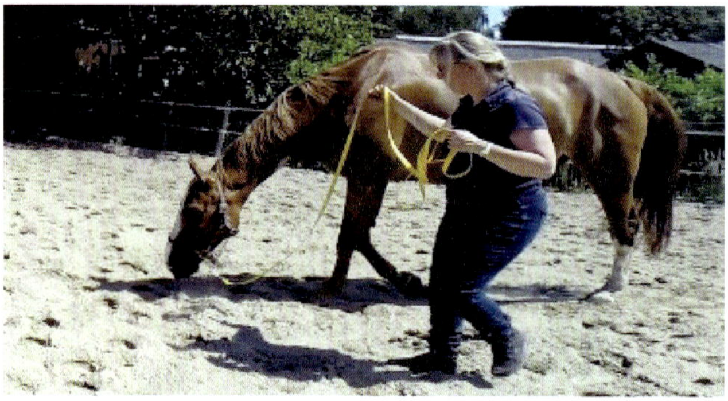

5.18

5.18 Mantrailing: Vosje sucht nach Els, indem er ihrer Spur folgt.

- Mantrailing (Bild 5.18): Das Pferd soll den Besitzer oder ein Tier finden, indem es dessen Spur folgt.
- Duftgarten: Es werden verschiedene Gerüche in einem Teil des Paddocks versprüht (z. B. einige Tropfen eines Duftöls). Das ist auch sehr interessant und stimulierend für ein Pferd.
- Objekt/Handtuch suchen: Ein Objekt, z. B. ein Handtuch, wird an verschiedenen Orten im Paddock versteckt; von sehr einfach (z. B. in einer Ecke des Paddocks hinter einem Grasbüschel) zu sehr schwierig (z. B., wenn man es über einen Ast hängt).
- In der realen Welt schnüffeln: Geben Sie Ihrem Pferd die Chance, in seiner Umwelt umher zu schnuppern. Die Übung kann schwieriger gemacht werden, indem sie das Gebiet dafür verändern.

Während solcher Schnüffelspiele ist es wichtig, dass Sie auf die Körpersprache Ihres Pferdes achten. So können Sie gut bestimmen, wann eine Pause nötig ist. Einer Spur zu folgen, ist anstrengend. Planen Sie kurze Einheiten mit vielen Pausen dazwischen.

Spiele, die alle Sinne stimulieren

Im Folgenden beschreibe ich einige Spiele, die den Geruchssinn, aber auch andere Sinne stimulieren:

- Wasser mit unterschiedlichem Geschmack: Bieten Sie Wassereimer an, in die Sie ein paar Tropfen zur Aromatisierung getan haben, z. B. Apfelsaft, Tee oder Tomatensaft.

- Ball- oder Flaschenbox: Platzieren Sie Bälle oder deckellose Plastikflaschen in einer großen Box. Das Pferd kann in der Box herumfühlen, um z. B. einen Apfel oder ein anderes Leckerli herauszufischen.
- Handtuchspiel: Sie können einen Apfel unter einem trockenen oder nassen Handtuch verstecken. Das Pferd kann den Apfel oder ein Stück des Apfels bekommen, wenn es das Handtuch entfernt. Sie können dies schwieriger gestalten, indem Sie das Handtuch mit dem Apfel darin ein paar Mal zusammenfalten.
- Stapelspiele: Platzieren Sie einen Apfel in einer Gemüsekiste. Das Pferd kann ihn herausnehmen. Dann tun Sie einen neuen Apfel in die Kiste, aber jetzt stellen Sie eine leere Kiste auf die erste mit dem Apfel. Das Pferd beginnt vermutlich, die obere Kiste leicht anzuheben, aber im Endeffekt muss es die obere Kiste komplett abheben, um an den Apfel zu kommen. Man kann so einen Kistenturm höher machen und den Apfel in unterschiedlichen Kisten platzieren. Spielen Sie auf verschiedenen Oberflächen. Nach meiner Erfahrung sind Pferde weniger erschreckt durch laute Geräusche, wenn sie wissen, dass sie diese Geräusche selbst ausgelöst haben. Aber starten Sie eher auf einem weichen Untergrund und arbeiten sich dann auf einen harten vor.
- Äpfel auf der Leine: Fädeln Sie Äpfel auf ein Seil und lassen Sie das Pferd die Äpfel von diesem Seil abfressen. Man kann das Seil zwischen Stangen hängen oder an einen Ast.
- Brotstücke verstecken: Platzieren Sie alte harte Brotstücke zwischen kleinen Holzbrettern, die auf dem Boden liegen. Das Pferd muss die Bretter zur Seite schieben, um an das Brot zu kommen.

Bei all diesen Spielen ist Sicherheit der wichtigste Faktor. Kein Spiel sollte verletzen oder Angst auslösen. Es ist nur Spaß, wenn das Pferd auch Spaß hat und mitmachen möchte. Wenn das Spiel zu schwierig ist, machen Sie es einfacher. Das Ziel sollte immer sein, dass das Pferd das Problem lösen kann, auch wenn es vielleicht mehrere Ansätze dafür braucht. Denken Sie daran, dass die meisten Pferde es gar nicht gewöhnt sind, selbst die Initiative zu ergreifen, besonders wenn der Besitzer anwesend ist. Manchmal brauchen sie eine Weile, um zu entdecken, dass Spielen Spaß bedeutet. Deshalb muss man Pferde vielleicht auch aktiv an ein Spiel heranführen.

Zusammenfassung: Tipps

- Wir haben die Verantwortung, uns so um das Pferd zu kümmern, dass es gesund ist, schmerzfrei, weder hungrig noch durstig, dass es Witterungsschutz hat, jeden Tag zumindest für einige Stunden auf die Weide kann und Kontakt mit Pferden hat, mit denen es gern zusammen ist. Für sein emotionales Wohlbefinden ist es auch wichtig, dass das Pferd selbst Entscheidungen treffen kann, die ihm ermöglichen, die Welt um sich herum besser zu verstehen und zu kontrollieren.
- Kommunikationsleitern sollen Ihnen helfen, das Verhalten Ihres Pferdes zu erkennen und auf eine gewisse Weise auch vorherzusagen. Es ist eine Herausforderung, auf die Signale eines Pferdes zu achten, das wechselnde interne Motivationen erfährt. Dies spiegelt sich in wechselnden Verhaltensweisen auf der Kommunikationsleiter wieder.
- Gute Planung ist unabdingbar, wenn wir mit Pferden umgehen. Vermeiden Sie Angst auszulösen und verhindern Sie negative Erfahrungen. Fokussieren Sie sich auf die Signale des Pferdes und versuchen Sie, ihm positive Erfahrungen und Emotionen zu ermöglichen.
- Versuchen Sie viele Möglichkeiten für Entspannung zu planen. Bestrafen Sie Ihr Pferd nicht. Lassen Sie Ihr Pferd nicht alleine und setzen Sie auch optische Signale ein.
- Nutzen Sie selbst Calming Signals wie Splitten, Bogenlaufen, den Rücken oder die Seite zuwenden, Kopf oder Schultern abwenden oder Stillstehen.
- Reagieren Sie auf die Kommunikationssignale des Pferdes, auch wenn Sie eventuell dafür eigene Ziele und Wünsche zurückstellen müssen.
- Fördern Sie Ihr Pferd, machen Sie es unabhängig und ermöglichen Sie ihm, selbstständig zu handeln. Das wird seine kognitiven Fähigkeiten und die Gedächtnisbildung verbessern. Es reduziert Angst und Aggressionsverhalten sowie Überreaktionen. Sie lockern ihre eigene Kontrolle und geben dem Pferd die Freiheit, innerhalb eines sicheren Rahmens selbst zu entscheiden.
- Reichern Sie seine Umwelt an, spielen Sie Schnüffel- und andere Spiele mit Ihrem Pferd.

EXTRA: FOKUS ERKENNEN

Augen

A1.1 Direkter Blick nach vorn

A1.2 Blick zur Seite, ohne Kopfdrehung

A1.3 – A1.4 Blick zur Seite mit Drehung des Kopfes

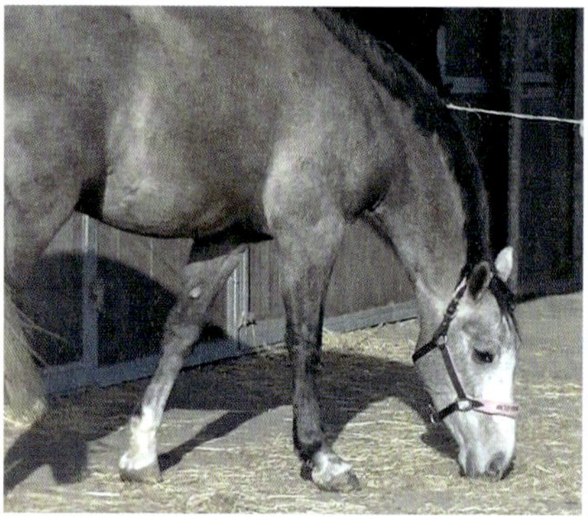

A1.5

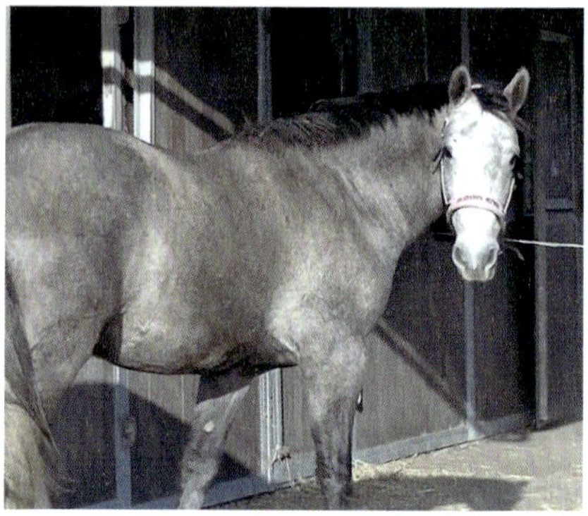

A1.6

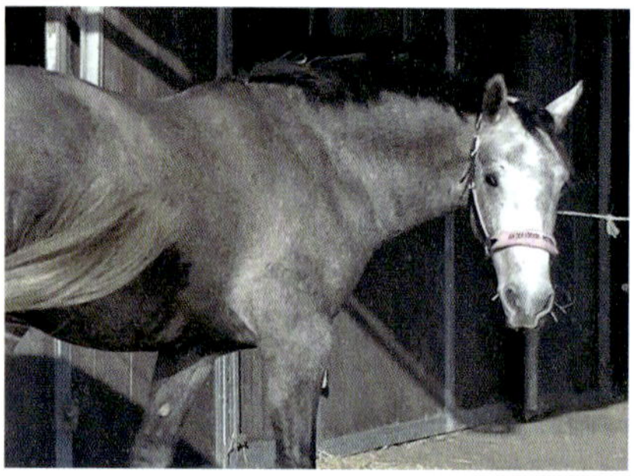

A1.7

A1.8

A1.5 - A1.7 Kombination aus Blickrichtung und Kopfdrehung
A1.8 Blick nach hinten

Beide Ohren zeigen nach vorn
A2.1 Die Ohren sind zum Objekt gedreht, das das Pferd fokussiert.

Ohren

Pferdeohren sind sehr beweglich. Sie können sich synchron bewegen (beide gleichzeitig) oder unabhängig voneinander und an der Basis eine 90- bis 180-Grad-Bewegung zeigen. So nehmen sie Geräusche auf, die von vorn, von der Seite oder von hinten kommen. Wird das Pferd mit einem Stimulus konfrontiert, bewegen sich die Ohren auf das, worauf das Pferd fokussiert (Bild A2.1), oder vom Geräusch weg. Pferde können die verschiedensten Ohrpositionen in unterschiedlichen Intensitäten zeigen (Bild A2.2 – A2.6). Je besser das Pferd mit seiner Umwelt klarkommt, desto ruhiger sind seine Ohren.

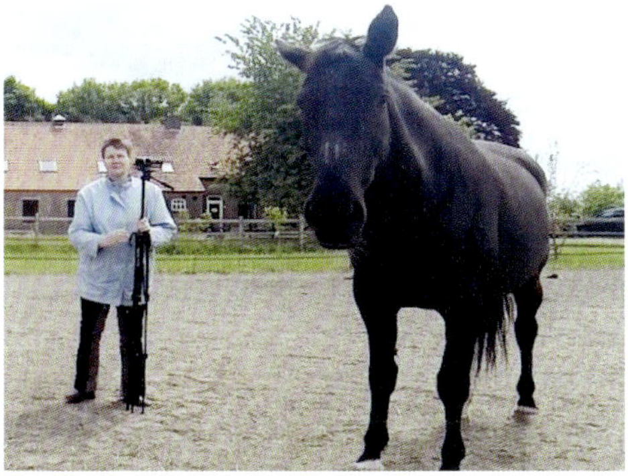

A2.2

Ein Ohr ist zur Seite oder nach hinten gerichtet
A2.2 Der Fokus ist auf einem bestimmten oder mehreren Stimuli: Ristin und ich filmen Pearl. An ihrer Ohrstellung kann man erkennen, wo wir stehen. Ein Ohr ist auf Ristin gerichtet, das andere nach vorne auf mich.

A2.3

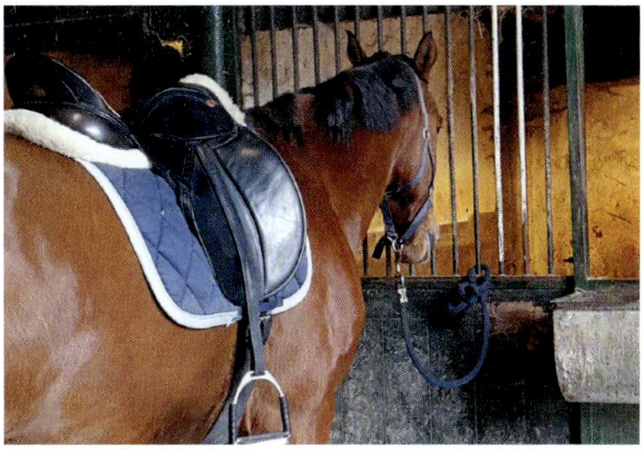

A2.4

A2.5

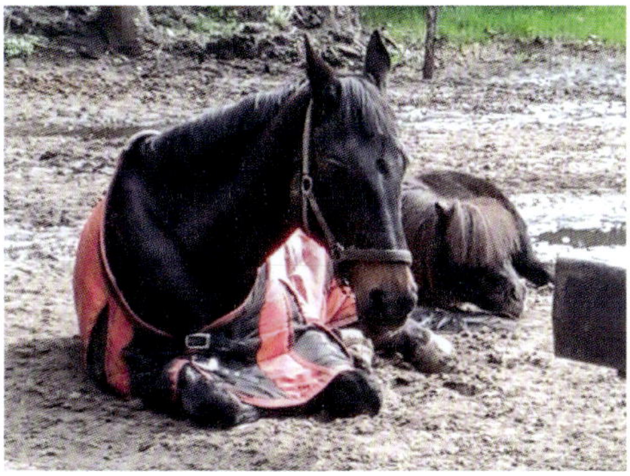

A2.6

Beide Ohren sind nach hinten gerichtet
A2.3 Das Pferd variiert zwischen starkem und schwachem Fluchtverhalten
A2.4 Das Pferd hört ein Geräusch hinter sich.
A2.5 Hier werden Distanz vergrößernde Signale gezeigt und die Ohren sind daher nach hinten gerichtet.

Beide Ohren sind zur Seite gerichtet
A2.6 Diese Ohrstellung sieht man, wenn das Pferd Geräusche aus beiden Richtungen wahrnimmt, während es einschläft oder schläft, wenn es Schmerzen hat, depressiv ist oder in einem Zustand erlernter Hilflosigkeit.

REGISTER

QUELLENVERZEICHNIS

Quellenangaben und Buchtipps finden Sie als PDF-Download unter
https://kosmos.de/calming_signals

Aus dem Englischen übersetzt von Dr. Barbara Schöning.
Titel der Originalausgabe: „Language Signs and Calming Signals of Horses“
Authorised translation from the English language edition published by CRC Press, a member of the Taylor & Francis Group LLC, ISBN 978-1-138-07015-8.

Impressum

Umschlaggestaltung von GRAMISCI Editorialdesign/Isabelle Fischer, München, unter Verwendung eines Farbfotos von CAVALLO/Lisa Rädlein (Umschlagvorderseite) sowie eines Farbfotos von Imadia Photografy/Diana Bloemendal (Umschlagrückseite).

Mit 241 Farbfotos.

Gedruckt auf chlorfrei gebleichtem Papier

Für die deutschsprachige Ausgabe:

Pfizerstraße 5 – 7, 70184 Stuttgart
kosmos.de/servicecenter

ISBN 978-3-440-18103-4
Redaktion: Birgit Bohnet
Gestaltung und Satz: Atelier Krohmer, Dettingen/Erms
Produktion: Claudia Frank
Druck und Bindung: Westermann Druck Zwickau GmbH, Zwickau
Printed in Germany / Imprimé en Allemagne

FSC
www.fsc.org
MIX
Papier | Fördert gute Waldnutzung
FSC® C110508